供热锅炉节能与脱硫技术

解鲁生 编著

中国建筑工业出版社

图书在版编目(CIP)数据

供热锅炉节能与脱硫技术/解鲁生编著. —北京：中国建筑工业出版社，2004
ISBN 7-112-06223-3

Ⅰ.供… Ⅱ.解… Ⅲ.①集中供热—锅炉—节能 ②集中供热—锅炉—脱硫 Ⅳ.TU833

中国版本图书馆 CIP 数据核字(2003)第 105385 号

供热锅炉节能与脱硫技术
解鲁生 编著
*
中国建筑工业出版社出版、发行(北京西郊百万庄)
新 华 书 店 经 销
北京市兴顺印刷厂印刷
*

开本：850×1168 毫米 1/32 印张：7½ 字数：200 千字
2004 年 1 月第一版 2004 年 1 月第一次印刷
印数：1—4,000 册 定价：**12.00 元**
ISBN 7-112-06223-3
TU・5490 (12237)
版权所有 翻印必究
如有印装质量问题，可寄本社退换
(邮政编码 100037)
本社网址：http://www.china-abp.com.cn
网上书店：http://www.china-building.com.cn

本书主要介绍供热锅炉节能与脱硫技术的有关知识,包括集中供热热源节能和环保的基本途径、层燃炉改善燃烧的措施、链条炉分层燃烧技术、链条炉排与煤粉复合燃烧技术、固硫型煤及循环流化床锅炉脱硫、锅炉燃用水煤浆的技术、供热锅炉的烟气脱硫、改善传热及水质处理与除盐的膜分离技术、加强运行管理及余热回收等内容。

本书可供从事锅炉设计、施工、管理、检验、运行、维护等人员使用,也可供大专院校师生参考。

* * *

责任编辑　胡明安
责任设计　崔兰萍
责任校对　张　虹

前　言

　　节约能源是我国社会主义发展的需要。控制人口发展、节约和保护资源、保护和治理环境是实施可持续发展的主要内容。供热的热源站房（含城镇供暖及工业供汽、供热的锅炉房）是燃料直接消耗的场所，也是主要的污染源。热源的节能与环保，是不可分割的两个问题，在供热系统中占有极为重要的地位。

　　中国城镇供热协会技术委员会组织了节能方面论文的交流和讨论，并整理成为《城镇供热系统节能技术措施（二十条）》，其中热源方面的节能措施共8条，占40%。我国继锅炉烟尘排放标准之后，又对二氧化硫的排放提出了具体的要求。近年来工程技术人员，在烟气脱硫方面做了很多工作，提出和引进了不少新技术、新工艺和新经验。本书将上述两方面的内容进行整理归纳，对其机理加以必要的阐述；讲述其采用的技术条件和应注意的问题；补充了大量的实例，从其数据和正、反面的经验与教训加以论述。

　　本书是遵照以下的指导思想进行编写的：

　　（一）以低压和中压、次高压锅炉和锅炉房为叙述范围。锅炉烟气除尘技术已较成熟，环保方面仅阐述脱硫技术。

　　（二）有重点的阐述，凡是已较熟悉的内容，仅作概括性的叙述。对链条炉排分层燃烧、链条炉排与煤粉复合燃烧、循环流化床锅炉燃烧中脱硫、加装热管换热器回收烟气余热等内容，作较详细的阐述。特别是对当前研究、开发或推广的新技术、新动向，如水煤浆在锅炉上的应用、锅炉给水除盐的膜分离技术、吸收剂循环利用（循环流化床）烟气脱硫、固硫型煤等内容作较全面、系统的阐述。

（三）各项技术的应用效果（特别是定量的数值）、经验及发生的问题，基本上都按照调查和收集66个锅炉或锅炉房实例的实测数据、实际情况及总结的材料为依据。

仅将主要参考文献分别附于各章的最后。除中国城镇供热协会技术委员会提供了技术资料而外，在编写过程中青岛开源集团后海热电公司、青岛热电集团公司、美国UEI国际集团公司、清华同方等单位也提供了一些资料。在初稿印制过程中承蒙深圳越凡实业公司青岛分公司、北京星烁科贸公司、青岛开源集团东部供热公司给予大力协助。谨此对上述各单位及个人，以及其他提供资料和予以协助的个人，一并致谢。

限于水平，难免有错误不当之处，希予以批评指正。

编者

目 录

第一章 集中供热热源节能和环保的基本途径 ………… 1
1.1 热源节能与环保的重要意义 ………… 1
1.2 锅炉热效率及热损失的基本概念 ………… 2
1.2.1 锅炉热效率是说明锅炉经济性及是否节能的主要指标 ……… 2
1.2.2 锅炉的有效利用热量及热损失 ………… 3
1.2.3 正常运行负荷与热效率的关系 ………… 4
1.3 提高锅炉热效率的基本方向 ………… 6
1.3.1 提高燃烧及传热效率,减少热损失 ………… 6
1.3.2 锅炉热平衡试验与节能的关系 ………… 6
1.4 锅炉大气污染物排放标准 ………… 7
1.4.1 标准中区域类别及年限的划分 ………… 7
1.4.2 锅炉烟尘最高允许排放浓度和烟气黑度限值 ………… 7
1.4.3 锅炉二氧化硫和氮氧化合物最高允许排放浓度 ………… 9
1.4.4 监测方法及过剩空气系数折算值 ………… 9
1.4.5 烟囱高度的规定 ………… 9
1.5 降低锅炉 SO_2 污染的基本途径 ………… 10
1.5.1 燃烧前脱硫 ………… 10
1.5.2 燃烧中脱硫 ………… 11
1.5.3 燃烧后脱硫 ………… 11

第二章 层燃炉改善燃烧的措施 ………… 13
2.1 燃料燃烧的基本概念 ………… 13
2.1.1 完全燃烧的要素 ………… 13
2.1.2 理论空气量和实际空气量 ………… 14
2.1.3 过剩空气系数 ………… 14

2.2 层燃炉的燃烧过程及链条炉的工作特点 ·········· 15
2.2.1 层燃炉的燃烧过程·················· 15
2.2.2 链条炉的工作特点·················· 16
2.3 层燃炉改善燃烧的途径 ················· 18
2.3.1 层燃炉改善燃烧的措施················ 18
2.3.2 挥发分与固定碳的燃烧 ··············· 19
2.3.3 过剩空气系数的优化及减少漏风··········· 20
2.3.4 采用高温红外涂料·················· 21
2.3.5 煤与炉渣混烧···················· 22
2.3.6 蒸汽助燃······················ 23
2.3.7 采用高效节煤剂··················· 24

第三章 链条炉分层燃烧技术 ················· 26
3.1 分层燃烧的特点 ···················· 26
3.2 分层燃烧装置的结构 ·················· 27
3.2.1 前苏联的分层燃烧装置················ 27
3.2.2 我国分层燃烧装置的专利··············· 29
3.2.3 目前广泛采用的分层燃烧装置············· 38
3.3 分层燃烧的效果 ···················· 39
3.4 采用分层燃烧应注意的问题 ··············· 41

第四章 链条炉排与煤粉复合燃烧技术 ·············· 43
4.1 室燃炉及半悬燃炉改进燃烧的途径 ············ 43
4.2 链条炉复合燃烧装置 ·················· 45
4.2.1 链条炉复合燃烧及设备系统·············· 45
4.2.2 链条炉复合燃烧的创始················ 46
4.2.3 链条炉复合燃烧装置的专利产品············ 46
4.3 复合燃烧技术的应用效果 ················ 50
4.3.1 采用煤粉复合燃烧前后的对比············· 50
4.3.2 改造实例······················ 50
4.4 采用复合燃烧应注意的问题 ··············· 54
4.5 采用分层燃烧和复合燃烧技术几个问题的探讨 ······ 55
4.5.1 关于数据可靠性的问题················ 55
4.5.2 必须具体分析,对症下药,避免盲目采用········ 56

4.5.3	锅炉已达额定出力及新装锅炉是否采用的问题	……	57
4.5.4	是否同时扩容问题 ……		58
4.5.5	关于强制采用问题 ……		58

第五章　固硫型煤及循环流化床锅炉脱硫 …… 60

5.1　固硫型煤 …… 60
- 5.1.1　固硫型煤的成型方式 …… 60
- 5.1.2　固硫剂 …… 61
- 5.1.3　胶粘剂 …… 62
- 5.1.4　添加活性剂的采用 …… 63

5.2　链条炉排采用炉前型煤的实例 …… 64
- 5.2.1　采用炉前型煤的原因 …… 64
- 5.2.2　型煤燃烧的工作原理及其装置 …… 64
- 5.2.3　使用的效果 …… 65

5.3　生物固硫型煤技术及应用 …… 66
- 5.3.1　生物固硫型煤技术的发展 …… 66
- 5.3.2　生物固硫型煤的工艺系统 …… 67

5.4　流化床锅炉燃烧中脱硫问题 …… 69
- 5.4.1　流化床锅炉的发展状况 …… 69
- 5.4.2　循环流化床锅炉的特点 …… 71
- 5.4.3　循环流化床锅炉的脱硫效果 …… 73
- 5.4.4　SO_2 排放浓度、排放量和脱硫率的关系 …… 74
- 5.4.5　循环流化床锅炉燃烧中脱硫率的探讨 …… 76
- 5.4.6　改进循环流化床锅炉脱硫性能的措施 …… 78

第六章　锅炉燃用水煤浆技术 …… 84

6.1　水煤浆在锅炉上的应用 …… 84
6.2　燃用水煤浆的特点 …… 87
6.3　水煤浆的品种及质量指标 …… 90
6.4　炉前制浆的技术关键 …… 92
- 6.4.1　磨矿 …… 92
- 6.4.2　堆积效率与级配 …… 94
- 6.4.3　添加剂 …… 95

6.5　水煤浆的储存与输送 …… 96

  6.5.1 搅拌器选择与安装 ……………………………………… 97
  6.5.2 输浆泵的选择 …………………………………………… 97
  6.5.3 水煤浆过滤装置 ………………………………………… 98
 6.6 水煤浆燃烧的特点 ………………………………………………… 99
 6.7 水煤浆燃烧器及其布置 ………………………………………… 100
  6.7.1 水煤浆燃烧器的雾化方式 …………………………… 100
  6.7.2 水煤浆喷嘴及燃烧器布置方式 ……………………… 101
  6.7.3 喷嘴的磨损问题 ……………………………………… 103
  6.7.4 压缩空气雾化燃烧器与预燃室 ……………………… 103
 6.8 水煤浆的燃烧技术 ……………………………………………… 105
  6.8.1 点火、着火及稳燃手段 ……………………………… 105
  6.8.2 合理配风,改善空气动力场,提高燃烧效率及锅炉效率 … 110
  6.8.3 煤与水煤浆复合燃烧 ………………………………… 115
  6.8.4 改用水煤浆时应注意的其他问题 …………………… 117

第七章 供热锅炉的烟气脱硫 …………………………………… 119
 7.1 锅炉烟气脱硫技术发展简况 …………………………………… 119
 7.2 低压锅炉的简易烟气脱硫装置 ………………………………… 120
 7.3 喷雾脱硫和喷雾干燥脱硫技术 ………………………………… 123
  7.3.1 喷雾脱硫技术 ………………………………………… 123
  7.3.2 喷雾干燥脱硫技术 …………………………………… 125
 7.4 脉冲放电烟气脱硫技术 ………………………………………… 126
 7.5 低压锅炉其他脱硫方法 ………………………………………… 128
 7.6 吸收剂循环利用的脱硫技术 …………………………………… 129
  7.6.1 循环硫化床烟气脱硫技术的发展及简介 …………… 129
  7.6.2 35t/h 锅炉半干半湿法烟气脱硫装置 ……………… 133
  7.6.3 65t/h 锅炉循环流化床烟气脱硫装置 ……………… 135
  7.6.4 干式脱硫剂床料内循环的烟气脱硫装置 …………… 137
  7.6.5 双循环流化床烟气悬浮脱硫技术 …………………… 140

第八章 改善传热及水质处理 …………………………………… 146
 8.1 受热面合理布置及避免烟气短路 ……………………………… 146
  8.1.1 受热面的合理分配与布置 …………………………… 146
  8.1.2 防止隔墙损坏造成烟气短路 ………………………… 147

8.2 保持受热面的内部洁净 …………………………………… 147
  8.2.1 加强水处理防止结垢及腐蚀 ………………………… 147
  8.2.2 保持凝结水及回水洁净 ……………………………… 148
  8.2.3 锅炉和热网的冲洗及加强锅炉排污 ………………… 148
8.3 离子交换软化及除盐 ……………………………………… 149
  8.3.1 离子交换软化 ………………………………………… 149
  8.3.2 离子交换除盐 ………………………………………… 149
  8.3.3 离子交换除盐系统及除硅特性 ……………………… 150
  8.3.4 混床与复床的比较 …………………………………… 151
8.4 膜分离技术 ………………………………………………… 152
  8.4.1 膜分离技术的发展及原理 …………………………… 152
  8.4.2 离子交换膜的特性及电渗析器的运行 ……………… 157
  8.4.3 反渗透膜的特性 ……………………………………… 160
  8.4.4 反渗透系统的预处理 ………………………………… 167
  8.4.5 反渗透膜组件的组成及运行 ………………………… 181
  8.4.6 反渗透系统的精处理 ………………………………… 190
  8.4.7 反渗透系统及设备的选择 …………………………… 196
  8.4.8 EUI 固膜 ……………………………………………… 198
8.5 保持受热面的外部洁净 …………………………………… 201
  8.5.1 加强吹灰 ……………………………………………… 201
  8.5.2 防止管外结焦并停炉时清焦 ………………………… 201
  8.5.3 采用化学清灰剂 ……………………………………… 202
  8.5.4 使用远红外节能剂 …………………………………… 204

第九章 加强运行管理及余热回收 205

9.1 控制排烟热损失及烟气余热回收 ………………………… 205
  9.1.1 优化 α 值及排烟温度控制排烟热损失 ……………… 205
  9.1.2 加装热管换热器回收烟气余热 ……………………… 205
9.2 减少散热损失及余热回收 ………………………………… 209
  9.2.1 加强炉墙保温,减少散热损失 ……………………… 209
  9.2.2 q_5 热损失热量的回收 ………………………………… 209
  9.2.3 排污余热利用 ………………………………………… 209
9.3 提高锅炉净效率 …………………………………………… 211

9.3.1　锅炉的毛效率和净效率 ·· 211
　　9.3.2　风机、水泵采用变频调速 ·· 212
　　9.3.3　热网设备设置及运行对锅炉房节能的关系··············· 213
9.4　提高运行管理及技术水平是投资少、见效显著的
　　　节能措施 ·· 214
9.5　节能的基础工作 ·· 215
　　9.5.1　安装齐全所需的监测仪表 ······································· 215
　　9.5.2　完善规程制度，进行技术考核及培训 ····················· 215
　　9.5.3　进行热平衡试验，摸清锅炉能源利用情况 ············· 216
9.6　负荷的合理调度 ·· 217
　　9.6.1　负荷的经济调度 ··· 217
　　9.6.2　对不同性质建筑采用分时供暖 ······························· 218
　　9.6.3　采用蓄热器 ··· 219
9.7　锅炉运行的自动控制 ·· 222
　　9.7.1　供热锅炉自动控制内容及对象 ································ 222
　　9.7.2　供热锅炉的计算机控制 ·· 224
　　9.7.3　层燃炉燃烧调节计算机监控的难点 ························ 225
　　9.7.4　层燃炉燃烧调节计算机监控的进展 ························ 226

第一章 集中供热热源节能和环保的基本途径

1.1 热源节能与环保的重要意义

我国实行的科技强国和可持续发展是国民经济和社会发展的战略方针。实施可持续发展的目的就是要控制人口发展、节约和保护资源、保护和治理环境,以求在经济增长的同时,考虑整个社会的协调,考虑人民生活整体质量的提高,考虑人类社会与自然的和谐共存。

采取集中供热本身就是节能和改善环境的一项重要措施。但集中供热系统中仍存在如何节能增效和减轻环境污染的问题。目前集中供热系统中,都是将一次能源在锅炉中转换为热能,热源站房是燃料直接消耗的场所,也是主要的污染源。因此,热源的节能与环保在集中供热系统中占有极其重要的地位。

多年来我国在热源的节能和环保方面做了大量的工作,例如:淘汰了小容量和技术落后的锅炉房;发展热电联产;推广应用热、电、冷"三联供";采用循环流化床锅炉;调整能源结构等。最近又提出锅炉燃用水煤浆等技术。

燃用天然气是提高热效率和减少污染的很好途径,这是被公认的。但是由于气源及经济条件的制约,要将原有大量链条炉排的锅炉近期都改成燃用天然气还不现实,因而这些锅炉的节能技术仍有待提高。中国城镇供热协会技术委员会,在全国考察的基础上,根据各供热企业的实际,总结了链条炉运行的问题和解决这些问题的方法与取得的成绩,归纳为《中国城镇供热系统节能技术措施(二十条)》。其中 8 条为热源方面的措施,占 40%。(供热调节和运行管理的占 25%;热网的占 20%;热力站与热用户的占 15%)

链条炉采用分层燃烧和复合燃烧技术,是以提高锅炉效率和出力而应用较广的措施。它的形式很多,特别要了解其应用条件和采用后应注意的问题,切不可盲目采用。

固硫型煤是降低烟气 SO_2 排放量和燃用碎煤多的煤时提高锅炉效率的措施。

循环流化床燃烧技术是一种洁净煤的燃烧技术。但从目前调查看来,较多的锅炉房没有或没有充分发挥其脱硫的效能,这方面还值得进一步探讨。烟气的除尘与脱硫是保证排放达标,改善环境的措施。但其方法众多,效果差异较大。

锅炉燃用水煤浆,虽然在工业锅炉及热电站锅炉上都已开始使用,但毕竟还属较新的技术。对这种洁净煤燃烧的关键技术问题有必要加以介绍。

本书不拟对锅炉的燃烧及传热和除尘脱硫的原理、计算与设计等作系统和详尽的阐述,仅通过应用实例对节能与环保技术措施进行介绍与探讨。

1.2 锅炉热效率及热损失的基本概念

1.2.1 锅炉热效率是说明锅炉经济性及是否节能的主要指标

锅炉是锅炉房的主体设备,它的功用是把燃料的化学能转变为热能。锅炉房的辅助设备也都是为锅炉服务的。锅炉房节能的重点是降低锅炉的能耗。锅炉的能耗主要是煤耗,但是不能以每个采暖期,或每日、每时的耗煤量来说明锅炉能量利用情况或比较不同锅炉节能的程度。因为锅炉容量不同,热负荷不相同,总耗煤量就不同,是不可比的,因此,必须以单耗来对比。

煤种不同,其每公斤的煤能发出的热量(也就是发热值)也不相同。为了消除煤发热值不同而造成的不可比性,常把耗煤量都折算成"标准煤"或"标准油"量来对比。每公斤发热值为29308kJ（7000kcal）的煤称为"标准煤"；每公斤发热值为41868kJ（10000kcal）的油称为"标准油"。燃煤锅炉常用"标准煤"。

"锅炉热效率"综合考虑了上面所述的各个因素。它的概念是：单位时间内加入炉内燃料的热量，有多少热量真正被有效利用来产生蒸汽（或热水），这两个热量的比值，以百分数表示。也就是单位时间被利用的有效热量占加入燃料具有热量的百分数。锅炉热效率是描述锅炉能量利用的程度，也是说明锅炉是否节能的主要指标。

1.2.2 锅炉的有效利用热量及热损失

蒸汽锅炉若其蒸发量为 $D(t/h)$，其蒸汽的焓为 $i''(kJ/kg)$，给水的焓为 $i'(kJ/kg)$，则蒸汽锅炉的有效热 Q_1 为：

$$Q_1 = D(i'' - i') \times 10^3 \quad (kJ/h) \tag{1-1}$$

热水锅炉若每小时加热水量为 $G(t/h)$，锅炉进水及出水的焓分别为 i'_{rs} 及 $i''_{rs}(kJ/kg)$，则热水锅炉的有效热 Q_1 为：

$$Q_1 = G(i''_{rs} - i'_{rs}) \times 10^3 \quad (kJ/h) \tag{1-2}$$

如果每小时耗煤量为 $B(kg/h)$，而煤的低位发热值为 $Q_{dw}(kJ/kg)$，则加入炉中煤具有的热量为 $BQ_{dw}(kJ/h)$，则：

$$蒸汽锅炉的热效率 \eta = \frac{D(i'' - i') \times 10^3}{BQ_{dw}} \times 100 \quad (\%) \tag{1-3}$$

$$热水锅炉的热效率 \eta = \frac{G(i''_{rs} - i'_{rs}) \times 10^3}{BQ_{dw}} \times 100 \quad (\%) \tag{1-4}$$

煤的发热值有低位（Q_{dw}）及高位（Q_{gw}）之分，煤完全燃烧，其产生的水分以液体状态存在于生成物中，这时求得的发热值称为高位发热值；若以蒸汽状态存在于生成物中，则称为低位发热值。很明显，高位发热值比低位发热值高，它们的差值就等于燃烧产物中水蒸气凝结放出的热量。《热设备能量平衡通则》（GB 2587—81）规定燃料发热值的基准一般采用低位发热值。

锅炉的热效率不可能达到100%，因为，在锅炉内煤不可能达到完全燃烧,煤所具有的热量不能完全释放出来,释放出来的热量也不可能全部被水吸收,而有热损失。煤中可燃物先挥发一些气体可燃物,这些碳氢化合物称为挥发分,它在锅炉内还可能有微量可燃气体未燃尽随烟气排走,这种热损失称为气体不完全燃烧热损失,或称化学不完全燃烧热损失,用 Q_3(kJ/h)表示。

挥发分逸出后,炉排上剩留的固体可燃物是焦炭。焦炭燃烧后成炉渣,从炉内排出。炉渣中仍含有一定的碳,称为渣中含碳量;小颗粒的飞灰中也可能含有未燃的碳粒;炉排漏煤中含碳更多。这些未燃烧的碳而产生的热损失,称为固体不完全燃烧热损失,或称机械不完全燃烧热损失,用 Q_4(kJ/h)表示。

燃料放出的热量也不可能全被水或汽吸收,有一部分随高温烟气排出,而形成排烟热损失 Q_2(kJ/h)。锅炉本体会通过炉体向四周散失热量,而形成散热损失 Q_5(kJ/h)。此外,还有其他热损失 Q_6(kJ/h),它包括炉渣排出而带走灰渣的物理热量,或有锅炉部件冷却而冷却水带走的热量等。Q_6 的热损失常常很小而忽略不计,则:

$$BQ_{dw} = Q_1 + Q_2 + Q_3 + Q_4 + Q_5 \quad (kJ/h)$$
$$= 有效热 + 热损失 \quad (kJ/h) \quad (1-5)$$

若式(1-5)两边都除以 BQ_{dw},并都以百分数表示;相应的有效热及热损失标码不变,而都以 q 表示,则:

$$100 = q_1 + q_2 + q_3 + q_4 + q_5 \quad (\%)$$
或 $$q_1 = 100 - (q_2 + q_3 + q_4 + q_5) \quad (\%) \quad (1-6)$$

不难看出:$q_1 = Q_1/BQ_{dw} = \eta$,即 q_1 就是热效率。

锅炉热效率可以测试求得,若单测算 Q_1、B 及 Q_{dw} 而直接求得热效率,称为正平衡试验。若不直接求热效率,而测算各项热损失,然后用100%减去各项热损失之和,即为热效率,称为反平衡试验。

1.2.3 正常运行负荷与热效率的关系

锅炉正常运行时,热效率是随着负荷(出力)的变化而变化的,

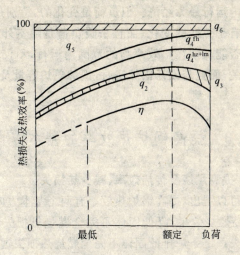

图 1-1 热效率及热损失随负荷的变化

如图 1-1 所示。负荷增加时,排烟温度升高,但 α 值减小,q_2 基本变动不大。q_3 及 q_4(q_4 分为灰渣及漏煤的机械不完全燃烧热损失 q_4^{hz+lm}、及飞灰的机械不完全燃烧热损失 q_4^{fh})都随负荷增大而增加。

无论负荷高低,炉墙表面积不变,炉墙的表面温度也基本不变,故每小时通过炉墙散失的热量 Q_5(kJ/h)视为不变,但随着负荷的增加,用煤量 B(kg/h)是增加的,而

$$q_5 = \frac{Q_5}{BQ_{dw}} \times 100 \quad (\%) \qquad (1-7)$$

故负荷增加 q_5 反而减小。Q_6 很小,变化也不大。

由于随负荷变化,各项热损失按上述情况而变化,锅炉热效率 η 随负荷而变化的曲线,如图 1-1 所示,在额定负荷附近出现最高值;低负荷时,随负荷的降低,热效率下降;超负荷时,随负荷的增加,热效率也降低。

锅炉有最低负荷的限制,若低于最低负荷运行,锅炉不稳定。锅炉允许短时间内有 10% 的超负荷。希望能保持在 80% 至额定

负荷的范围内运行最为经济。但负荷是变化的,特别是供热锅炉,其负荷不仅有季节性的变化,而且采暖负荷是随室外温度而变化的。锅炉是否能长期在热效率高的范围内运行,不仅与运行中的负荷分配有关,而且与设计锅炉房时,锅炉单炉容量及台数的选择密切相关。

1.3 提高锅炉热效率的基本方向

1.3.1 提高燃烧及传热效率,减少热损失

从上述可以看出,提高锅炉热效率有两个基本方向:

(1) 提高燃烧效果,降低固体不完全燃烧热损失和气体不完全燃烧热损失。链条炉排的固体不完全燃烧热损失远大于气体不完全燃烧热损失,因此,重点要抓 q_4 的降低。

(2) 提高传热效率,降低排烟热损失和散热损失。一般散热损失的数量较少,而排烟热损失常为使锅炉热效率降低的另一主要因素。

1.3.2 锅炉热平衡试验与节能的关系

采取节能技术,以提高锅炉热效率之前,首先要摸清锅炉热能利用的水平;然后进行分析造成热效率低的原因何在,针对存在的问题,有的放矢的采取节能措施;进行改善后,检查节能效果。

无论是进行锅炉正热平衡试验,还是反热平衡试验,最终都是求得锅炉的热效率,摸清用能水平。锅炉正热平衡试验测算项目较少、比较简单,而反热平衡试验则测试项目多、计算较复杂,但是正热平衡试验只能求得热效率,难以分析热效率低下的原因。而反热平衡试验不仅可以求得锅炉的热效率,摸清用能水平,而且还可以知道哪项热损失比同类锅炉大,针对它研究应采取改善的措施。有时同时进行正、反热平衡试验,这不仅可以达到同样的作用,而且还可以判别热平衡试验的准确度。《工业锅炉热工试验规范》(GB 10180—88)中规定:每次试验正、反平衡法测得的效率之

差不得大于 5%;两次试验的正平衡效率之差不得大于 4%,反平衡效率之差不得大于 6%;否则要补做试验,直到合格为止,然后取其算术平均值作为整个试验的锅炉效率。若在采取节能措施的前、后都进行热平衡试验,则可检验其节能效果。

1.4 锅炉大气污染物排放标准

为贯彻《中华人民共和国环境保护法》和《中华人民共和国大气污染防治法》,国家环境保护总局和国家质量监督检验检疫总局2001 年 11 月 12 日发布《锅炉大气污染物排放标准》(GB 13271—2001),这个国标代替(GB 13271—91)及(GWPB 3—1999),于2002 年 1 月 1 日起实施,此标准适用于除煤粉发电锅炉和单台出力大于 45.5MW(65t/h)发电锅炉以外的各种容量和用途的燃煤、燃油和燃气锅炉。

1.4.1 标准中区域类别及年限的划分

标准中一类地为自然保护区、林区、风景名胜区和其他需要特殊保护的地区;二类地区为城镇规划中确定的居住区、商业交通居民混合区、文化区、一般工业区和农村地区;三类地区为特定工业区。"两控区"是指《国务院关于酸雨控制区和二氧化硫污染控制区有关问题的批复》中所划定的酸雨控制区和二氧化硫污染控制区的范围。

按锅炉建成使用年限分为两个时段,执行不同的标准:

Ⅰ时段:2000 年 12 月 31 日前建成使用的锅炉;

Ⅱ时段:2001 年 1 月 1 日起建成使用的锅炉(含在Ⅰ时段立项未建成或未运行使用的锅炉和建成使用锅炉中需要扩建、改造的锅炉)。

1.4.2 锅炉烟尘最高允许排放浓度和烟气黑度限值

允许排放浓度和烟气黑度限值如表 1-1 所示。燃煤锅炉初始排放浓度和烟气黑度限值则如表 1-2 所示。

锅炉烟尘最高允许排放浓度和烟气黑度限值　　　　表 1-1

锅炉类别		适用区域	烟尘排放浓度 (mg/m^3)		烟气黑度 (林格曼黑度,级)
			Ⅰ时段	Ⅱ时段	
燃煤锅炉	自然通风锅炉 [<0.7WM(1 t/h)]	一类区	100	80	1
		二、三类区	150	120	
	其他锅炉	一类区	100	80	1
		二类区	250	200	
		三类区	350	250	
燃油锅炉	轻柴油、煤油	一类区	80	80	1
		二、三类区	100	100	
	其他燃料油	一类区	100	80*	1
		二、三类区	200	150	
燃气锅炉		全部区域	50	50	1

注：*一类区禁止新建以重油、渣油为燃料的锅炉。

燃煤锅炉烟尘初始排放浓度和烟气黑度限值　　　　表 1-2

锅炉类别		燃煤收到基灰分 (%)	烟尘初始排放浓度 (mg/m^3)		烟气黑度 (林格曼黑度,级)
			Ⅰ时段	Ⅱ时段	
燃煤锅炉	自然通风锅炉 [<0.7WM(1 t/h)]	/	150	120	1
	其他锅炉 [<2.8WM(4 t/h)]	Aar≤25%	1800	1600	1
		Aar>25%	2000	1800	
	其他锅炉 [>2.8WM(4 t/h)]	Aar≤25%	2000	1800	1
		Aar>25%	2200	2000	
沸腾锅炉	循环流化床锅炉	/	15000	15000	1
	其他沸腾锅炉	/	20000	18000	1
抛煤机锅炉		/	5000	5000	1

1.4.3 锅炉二氧化硫和氮氧化合物最高允许排放浓度

标准中对锅炉二氧化硫和氮氧化合物最高允许排放浓度按表1-3的时段规定执行。

锅炉二氧化硫和氮氧化合物最高允许排放浓度　　　表1-3

锅炉类别		适用区域	SO_2 排放浓度 (mg/m^3)		NO_X 排放浓度 (mg/m^3)	
			Ⅰ时段	Ⅱ时段	Ⅰ时段	Ⅱ时段
燃煤锅炉		全部区域	1200	900	/	/
燃油锅炉	轻柴油、煤油	全部区域	700	500	/	400
	其他燃料油	全部区域	1200	900*	/	400
燃气锅炉		全部区域	100	100	/	400

注：* 一类区禁止新建以重油、渣油为燃料的锅炉。

1.4.4 监测方法及过剩空气系数折算值

监测锅炉烟尘、二氧化硫、氮氧化物排放浓度的采样方法应按(GB 5468)和(GB/T 16157)规定执行。二氧化硫、氮氧化物的分析方法按国家环保总局规定执行（在国家颁布相应标准之前，暂时采用《空气与废气监测分析方法》，中国环境科学出版社）。实测的锅炉烟气、二氧化硫、氮氧化物排放浓度，应按表1-4中规定的过剩空气系数 α 进行折算。

各种锅炉过剩空气系数折算值　　　表1-4

锅炉类别	折算项目	过剩空气系数
燃煤锅炉	烟尘初始排放浓度	$\alpha=1.7$
	烟尘、二氧化硫排放浓度	$\alpha=1.8$
燃油、燃气锅炉	烟尘、二氧化硫、氮氧化物排放浓度	$\alpha=1.2$

1.4.5 烟囱高度的规定

每个新建燃煤、燃油（燃轻柴油、煤油除外）锅炉房只能设一根烟囱,烟囱高度应根据锅炉房装机总容量,按表 1-5 规定执行。

燃煤、燃油(燃轻柴油、煤油除外)锅炉房烟囱最低允许高度　　表 1-5

锅炉房装机总容量	MW	<0.7	0.7~1.4	1.4~2.8	2.8~7	7~14	14~28
	t/h	<1	1~2	2~4	4~10	10~20	20~40
烟囱最低允许高度	m	20	25	30	35	40	45

锅炉房装机总量大于 28MW(40t/h)时,其烟囱高度应按批准的环境影响报告书(表)要求确定,但不得低于 45m。新建锅炉房烟囱周围半径 200m 距离内有建筑物时,其烟囱应高出最高建筑物 3m 以上。

燃气、燃轻柴油、煤油锅炉烟囱高度应按批准的环境影响报告书(表)要求确定,但不得低于 8m。

各种锅炉烟囱高度如果达不到任何一项规定时,其烟囱、SO_2、NO_x 最高允许排放浓度,应按相应区域和时段排放标准值的 50% 执行。

1.5　降低锅炉 SO_2 污染的基本途径

当前锅炉烟气排放对大气的污染主要是含尘量及 SO_2 排放浓度的降低问题。多年来烟气除尘作为重点课题进行研究、开发已趋于成熟,提到日程上的问题是如何降低烟气二氧化硫浓度的排放问题,其解决的基本方向为:

1.5.1　燃烧前脱硫

使进入炉内燃烧的燃料含硫量降低,SO_2 排放浓度及排放量也就降低。其途径为:

(1)对煤矿的煤质进行选择,凡原煤的含硫量低于规定标准的才许燃用。

(2)采用两种煤掺混,使混煤的含硫量达到规定的标准。采用这种方法,不仅掺混要均匀,还要注意掺混后煤质其他成分的变化。例如有的单位以含硫量很低的无烟煤或贫煤与烟煤掺混,掺混后混煤的含硫量达到标准,但挥发分含量降低很多而影响燃烧。

(3) 燃用含硫量低的轻柴油或天然气来替代燃煤,但常受经济的制约。

(4) 煤经洗选后不仅含硫量降低,含灰量也降低。我国洗煤率很低,若提高洗煤率,能向锅炉供应洁净的洗煤,是个很好的途径,这取决于煤矿企业的经营。

(5) 最近提出燃用水煤浆,不仅可减少 SO_2 的原始排放量,还可以提高锅炉热效率,将在第六章中阐述。

1.5.2 燃烧中脱硫

燃烧中脱硫就是在煤中加固硫剂,使燃烧过程中产生的 SO_2 与固硫剂化合而脱硫。其途径为:

(1) 采用固硫型煤,在煤中添加固硫剂及胶粘剂制成型煤。

(2) 固硫剂粉末与碎煤一起喷入炉内燃烧。循环流化床锅炉就属此类。

固硫型煤及循环流化床锅炉将于第五章阐述。

另外有一种"低氧燃烧法",即采用过剩空气系数 α 很小(一般 $\alpha=1.03\sim1.05$)的情况下燃烧。在此情况下,烟气中的 SO_2 不易形成 SO_3。SO_3 在烟气中的含量越少,烟气中酸的露点也越低,对减少尾部受热面腐蚀有利,并且 NO_X 的生成量也较少,但对 SO_2 的排放浓度影响不大。采用低氧燃烧抑制 SO_3 的形成,也就能抑制雪花状碳黑的形成,但必须要有良好的自动控制装置,特别在负荷变化时,若燃烧过程的控制不良,易产生不完全燃烧。

1.5.3 燃烧后脱硫

燃烧后脱硫也就是烟气脱硫,其方法很多,按固硫剂的形态可分为干法和湿法两大类。根据脱硫过程最终形成的副产品是否回收利用,还可分为回收法和抛弃法两大类。

电力系统曾采用高烟囱扩散稀释法,这种方法过去也列入燃烧后对烟气处理的一种方法。它是建立高烟囱(我国高的达210m以上,国外有高达360m的),利用高烟囱的扩散来控制落地浓度。

这种方法不能减少 SO_2 的总排放量,是治标不治本的方法。由于烟气温度高,随风传输可形成连续的烟流,扩散距离可达几百公里甚至上千公里,使 SO_2 污染范围扩大,烟气在大气中驻留时间长,SO_2 转变成硫酸和酸雨的机会也增多。烟气的漂流,常贻害他人。如德国鲁尔工业区高烟囱将烟气排至瑞典,使该国下酸雨黑雪。现在已经制止采用高烟囱排放。

主要参考文献

1. 解鲁生,蔡启林,狄洪发,姚约翰,尹光宇.城镇供热系统节能技术措施培训教材.中国城镇供热协会技术委员会,清华大学建筑学院,2001
2. 解鲁生.降低供热锅炉 SO_2 污染的对策.中国城镇供热协会技术委员会,年会论文,2001
3. 张慧明.高烟囱排放含硫烟气的利与弊.烟气脱硫技术讲座(第七讲),1998
4. 锅炉大气污染物排放标准(GB 13271—2001)
5. 环境空气质量标准(GB 3095—1996)

第二章 层燃炉改善燃烧的措施

供热锅炉房的锅炉按台数计,绝大多数为层燃炉,尤以链条炉应用最为广泛。为了改善层燃炉的燃烧状况,达到节能的目的,很多锅炉房采取很多措施,取得不少经验与成就,本章就这方面加以阐述。

2.1 燃料燃烧的基本概念

2.1.1 完全燃烧的要素

燃料中的可燃物质与空气中的氧,在一定温度下发生剧烈的化学反应,并发出光和热的现象称为燃烧。燃烧的三个基本条件是:有可燃物、有空气(氧气)、达到使可燃物着火燃烧的温度。

要最大限度地利用燃料的热量,必须使燃料中的可燃物质全部烧完,也就是达到完全燃烧。完全燃烧必须同时具备以下四个要素:

(1) 必需的燃烧温度。不仅使燃料达到着火点可以着火,而且要保持一定的温度,能连续燃烧直至燃尽;

(2) 足够的空气量。保证完全燃烧所需氧量。关于空气量以下还要讨论;

(3) 良好的混合。虽有足够的空气量,如果空气和燃料没有良好的混合,仍不能完全燃烧;

(4) 充分的燃烧时间。燃烧有一定的速度,要使可燃物质能完全燃尽,则必须要有充分的时间。

这四个要素在燃烧的不同阶段中,将由其中一个或两个要素起主要作用。

2.1.2 理论空气量和实际空气量

燃料完全燃烧所需的氧气量,可以从燃料中各种成分与氧化合所需的氧气量来计算。

以煤为例:煤的成分除水分和灰分而外,主要是碳、氢、硫、氧、氮,其中可燃元素为碳(C)、氢(H)及硫(S)。其完全燃烧的化学反应为:

$$C + O_2 \longrightarrow CO_2 \tag{2-1}$$

$$2H_2 + O_2 \longrightarrow 2H_2O \tag{2-2}$$

$$S + O_2 \longrightarrow SO_2 \tag{2-3}$$

从以上化学反应式可以分别计算出每千克碳、氢、硫完全燃烧所需氧量。若煤的元素成分已知,也就是知道每千克煤中含碳、氢、硫各多少千克,则可求出每千克煤由于上述三种元素完全燃烧所需氧量,再扣除煤中含氧量,则得到 1kg 煤完全燃烧所需外界供给的氧量。空气中氧的体积占 21%,从而可以求得 1kg 煤完全燃烧所需空气量。

如上所述,按燃料中可燃元素氧化的化学反应式计算出所需的空气量,称为理论空气量。

燃料在锅炉设备中燃烧,送入的空气不可能做到与燃料理想的混合,为了尽可能燃烧完全,实际供入的空气量称为实际空气量,它必定要大于理论空气量。

2.1.3 过剩空气系数

实际空气量一般都大于理论空气量,二者之差称为过剩空气(或过量空气)。而实际空气量与理论空气量之比,称为过剩空气系数,以 α 表示:

$$\text{过剩空气系数}(\alpha) = \text{实际空气量}/\text{理论空气量} \tag{2-4}$$

一般 $\alpha > 1$。

燃料燃烧成分确定后,理论空气量可以计算出来,它是定值。锅炉炉膛一般是负压,锅炉内的烟气流道及离开锅炉后的烟道内,烟气也都是负压。因此,在炉墙、烟道以及设备的不严密处,都由外部向锅炉或烟道内漏入空气,锅炉及烟道不同部位,其实际空气量并不相同。由炉膛经对流受热面、烟道直至烟囱,越向后实际空气量越大,α 值也越大。炉膛出口处的实际空气量等于由炉排下送入的空气量,加上由炉膛四周炉墙漏入的空气量。这些漏入的空气,燃料燃烧时可能被利用,但是烟气流出炉膛后外界漏入的空气,由于烟气温度已较低,燃料已不再燃烧,所以,漏入的空气对燃料燃烧已不起作用,而只能增加烟气体积,降低烟气温度,有害而无益。

α 可通过各处烟气分析的结果计算出来。常测锅炉排烟处的 α 值(常以 α_{py} 表示),用于热平衡测试时计算排烟热损失。为了指导和评定锅炉的运行工况,也常测炉膛出口处的 α 值(常以 α''_L 表示)。α''_L 越大送入空气越多,对达到完全燃烧似乎有利,但送入空气越多,烟气体积越大,排烟热损失也越大,而且送入空气过多,还会使炉温降低而不利于燃烧。因此 α''_L 多大合适还有个优化问题,一般需经过测试,或按运行经验而定,常推荐的值如表 2-1 所示。

炉膛出口处最佳过量空气系数 α''_L 表 2-1

燃烧方式	烟煤	无烟煤	重油	煤气
手烧炉、抛煤机炉	1.3～1.5	1.3～2.0		
链条炉	1.3～1.4	1.3～1.5		
煤粉炉	1.20	1.25		
沸腾炉		1.10～1.20		
燃油炉、燃气炉			1.15～1.20	1.05～1.10

2.2 层燃炉的燃烧过程及链条炉的工作特点

2.2.1 层燃炉的燃烧过程

层燃炉的燃烧过程可划分为三个阶段:

(1) 着火前的准备阶段

从煤加入炉中开始,到煤着火前为止,称为着火前的准备阶段。在这个阶段中煤受热,先是水分逸出,继而挥发分逸出,然后着火。这个阶段不是放热而是吸热过程。燃料一着火就视为进入了下一阶段,着火前的准备阶段基本上不需要空气。这个阶段进行如何,就看供给新煤受热的热源状况,影响这个阶段的主要因素是温度。

(2) 着火燃烧阶段

从煤开始着火起就是这个阶段的开始。在这个阶段中,可燃物不断燃烧,直到可燃物基本烧完,形成大量灰渣,但可燃物并未完全烧尽,还有少量的固体可燃物仍夹杂在灰渣中。这个阶段是燃烧过程最主要的放热阶段。燃料中的可燃物绝大部分是在这个阶段燃烧的,燃料燃烧的热量绝大部分是在这个阶段放出的,燃料燃烧所需空气量也绝大部分应从这个阶段供入。正常情况下,只要负荷不是过低,这个阶段燃料着火燃烧放出热量可以保持继续燃烧的温度。因此,影响这个阶段的两个主要因素是空气的供给和空气与燃料的混合。

(3) 燃尽阶段

剩余的少量可燃物继续燃烧放热,直至灰渣被排出炉外,这个过程即为燃尽阶段。这个阶段虽然仍是放热阶段,但剩留的可燃物已很少、放热很少、所需的空气量也很少。影响这个阶段的主要因素是充分的燃烧时间。燃烧的改善更主要着眼于前两个阶段的改善。

燃烧过程阶段的划分是人为的,阶段之间的划分没有明确的界限。层燃炉的种类很多,无论何种层燃炉其燃烧过程都可明显地划分为上述的三个阶段,而且各个阶段的特征都是一致的。但是不同的层燃炉其机构及工作原理不同,改善三个阶段工况所采取的措施也有相同和不同之处。三个阶段的特征对分析各种层燃炉的特点及其节能措施有指导意义。

2.2.2 链条炉的工作特点

以链条炉为例,用燃烧过程三个阶段划分的特征来分析其工作特点及宜采用的节能措施。

链条炉排,煤是加在空炉排上,煤层下送入冷空气,即使采用空气预热器送热风,其空气温度都低于200℃,不能满足着火前准备阶段所需吸入的热量,其热源主要依靠炉膛内炉墙及火焰的反射热。所以链条炉的着火条件是比较差的,因此,适宜于燃用烟煤,对挥发分较少的无烟煤或劣质煤、水分多的煤等都不易着火。因其影响的主要因素是温度,所以改善这个阶段,主要应从增加炉内对煤层反射的热量以提高其温度入手。常用的措施是设前后拱,将炉内热量尽量向炉前集中反射,特别是前拱的形状,对引燃关系更大,故又称"引燃拱",10t/h以上的锅炉一般都安装空气预热器,向炉内送热风,也是改进着火和燃烧的一项措施。个别燃用湿度很大的煤,过去有在煤进入炉前煤斗时,增设干燥竖井,使煤先行干燥以减少水分和降低着火前所需的热量。着火前准备阶段基本不需要空气,冷风送入过多反而使煤层温度降低,因此炉排下第一道小风门应关小,个别单位燃用劣质煤时甚至完全关死。

  链条炉排上的煤层,随着炉排的向后移动,逐渐进入燃烧阶段。影响燃烧阶段进行的主要因素是空气的供给及空气与燃料的混合。燃烧阶段开始,挥发分开始逸出着火燃烧,炉排上煤层也开始着火燃烧,需要一定的空气量。继而大量挥发分逸出燃烧,炉排上煤层也逐渐加快燃烧,这时候需要的空气量更多,而由此以后所需空气量又逐渐减少。燃烧阶段开始煤层很厚,通风阻力较大,进入炉内的空气量较少;随着煤层逐渐变薄,通风阻力变小,进入炉内的空气量逐渐增大。若排下前后风压一致,必然使炉排中前部需要空气多,但空气供入少,造成不完全燃烧,而炉排后部空气需要量少,供入量大,造成过剩空气系数过大而不经济。因此,链条炉都设"分段送风"装置,就是将炉排下风室,按炉排前后分成6～8个隔开的小风室,每个小风室可以分别调节风压风量,使每个小风室送入炉内的风量,与该段内需要的风量吻合。

  在链条炉中还常采用前、后拱,前后拱间形成"喉部",使前部与后部的燃烧生成的气体都经中部的"喉部"而加强混合。另外,还经常采用二次风加强炉内气体的混合。凡从炉排下经炉排送入的空气称为"一次风",直接送入炉膛内的空气称为"二次风"。

链条炉在炉排上煤层的燃烧有两个特点:一是着火燃烧由上而下;二是煤层与炉排无相对运动,也就是煤加至炉排上后,在炉排上没有位移。燃烧由上而下,灰积在燃烧层表面,若灰的熔点低则易在燃烧层表面结成熔渣而影响通风。煤层与炉排无相对运动,煤层中若碎煤较多,碎煤被一次风吹扬,就形成"风口",大量空气从风口送入,没有产生风口的部位送入的空气就减少而不易燃透。易结焦的煤,煤层受热后易于结焦,一旦结焦由于煤层与炉排无相对运动,焦在煤层中位置不变,这部分空气透不过,也会增加固体不完全燃烧热损失。总之,链条炉对煤的适应性有一定的要求:灰熔点低的煤和易结焦的煤都不适合燃用;对煤的粒度也有一定的要求,碎末不得太多;挥发分少的煤也不易燃烧或燃烧效率低下。

链条炉是连续出灰,为了增加燃尽阶段煤在炉内的停留时间,一般在链条炉排的末端都设有除渣板(俗称老鹰铁)。燃用挥发分少而固定碳较多的煤时,难以燃尽,常将后拱做得低而长,以提高燃尽阶段的温度,加强燃烧。

2.3 层燃炉改善燃烧的途径

2.3.1 层燃炉改善燃烧的措施

如 2.2.1 节所述层燃炉的燃烧过程都可以划分为三个阶段,根据各种层燃炉不同的机构和工作原理,按三个阶段的特征进行分析,即可确定应采取改善燃烧的措施。2.2.2 节以链条炉为例,提出的措施主要有:

(1) 设前、后拱以加强着火;增强混合;改善燃尽阶段;

(2) 炉排下一次风采用分段送风,使各部位供入风量与所需空气量尽量接近,以减少不完全燃烧和过剩空气过多;

(3) 送入二次风以加强混合;

(4) 向炉内送热风,以改善着火和燃烧;

(5) 采用合适的煤种及煤的粒度,以适应燃烧;

(6) 湿度大的煤,采用竖井预先将煤干燥,以减少水分;

(7) 炉排末端设除渣板,以增加燃尽阶段在炉内停留时间。

链条炉排上燃烧的三个阶段是按炉排长度划分的:炉排前端是着火前准备阶段;炉排中部是燃烧阶段;炉排末端是燃尽阶段。凡是燃烧三阶段按炉排长度划分的层燃炉,如往复推饲炉排、振动炉排等,上述(1)至(4)的措施都可以采用。

第(5)条措施,对任何层燃炉都适用,仅是不同燃烧方式对煤种适应性的要求不同而已。第(6)条湿煤采用竖井预先干燥的措施,因炉前设竖井有诸多不便,已很少采用。现在多采用"干煤棚"以避免外水分的增加。挡渣板是链条炉设置的专门机构,因此第(7)条措施仅适用于链条炉。

手烧炉燃烧的三个阶段不是按炉排长度划分,而是按时间划分的:投煤时,整个炉排上都是着火前准备阶段;投煤后,炉排上都是燃烧阶段;下次投煤前整个炉排上都是燃尽阶段。而且手烧炉是将新煤加在灼烧的燃料层上,热源丰富,着火条件十分优越,煤种的适应性较强;不是每次加煤都除灰,常是燃烧好几个小时后才除一次灰,燃尽阶段煤渣在炉内停留时间较长。因此(1)至(7)各条措施基本都不适应于手烧炉,而手烧炉改进燃烧的措施主要是:投煤开炉门时间要短,清灰要快,以免冷风侵入;煤在炉排上要撒均匀;燃烧周期(从第一次投煤到第二次投煤的时间,称为一个燃烧周期)要短些。

2.3.2 挥发分与固定碳的燃烧

燃烧是可燃物与氧分子强烈碰撞,将维持分子结构的化学键破坏才能完成的化学反应。这种发生化学反应必需破坏化学键的能量,称为活化能。燃烧反应需要的活化能越大,反应越难以进行,或需要分子的碰撞更加强烈。

挥发分都是逸出成为气体与氧化合,它是均相(气体与气体)反应。均相反应需要的活化能较小,并且气体分子运动的速度都较大,分子间碰撞较为强烈,扩散也较快,故反应较为容易进行。水分及挥发分逸出后炉排上剩留的是多孔碳,称为固定碳。碳氧反应是多相(固体与气体)反应,它不仅需要活化能较大,而且基本上是氧分子碰撞固定碳的表面,碰撞不如均相反应强烈。其反应是在多孔碳的内、外缝隙的表面上进行,反应后在相界面充满气幕,不利于扩散,影响碳氧接触。因此,固定碳燃烧的反应速度慢得多,有的资料提出固定碳燃尽所需时间约占90%。这就是层燃炉 q_4 远大于 q_3 的主要原因。因而,减少层燃炉不完全燃烧热损失,以提高锅炉热效率,应更加注意 q_4 的降低。

提高炉温,可加速分子间的碰撞。有的资料提出,在标准状态下,反应温度每提高10℃,化学反应速度可增加2～4倍,碳氧反应活化能较大,对温度也越敏感。层燃炉提高炉温常用的措施有:调节 α 值、减少漏风(见2.3.3节);采用高温红外涂料(见2.3.4节);复合燃烧(在第四章中详述)等。

疏松煤层使送风均匀和减少阻力,可以加强氧分子与碳表面的接触,对扩散及排除相界间气幕有利,还可以降低 α 值。常采用的措施有:煤渣混烧(见2.3.5节)及分层燃烧(在第三章中详述)等。

另一个途径是使燃烧反应中产生活化气体,而反应沿活化能低的路线进行。蒸汽助燃即为这方面的措施(见2.3.6节)。

2.3.3 过剩空气系数的优化及减少漏风

α 值的测算,应进行烟气成分的分析来计算,但运行、调试时常以烟气的含氧量来近似计算。若烟气中含氧量为 O_2(%),则:

$$\alpha = \frac{21}{21-O_2} \tag{2-5}$$

测定烟气中含氧量常用氧化锆氧量表,它一般装于锅炉本体的排烟处,也就是测算的 α 值为 α_{py}。

α 值大小对燃烧及热平衡的影响有三个方面:(1)影响 q_2 的大小;(2)影响 q_3 的大小;(3)影响 q_4 的大小。其值对 q_2 的影响最为重要;其次为对 q_3 的影响;对 q_4 的影响处于第三位。由一台10t/h抛煤机加倒转链条炉排,燃用无烟煤锅炉的实例资料[实例1]可以说明炉膛出口过剩空气系数 α''_L 与 q_2、q_3、q_4 及 $\Sigma q_2 +$

q_3+q_4 的关系(见图 2-1~图 2-4)。

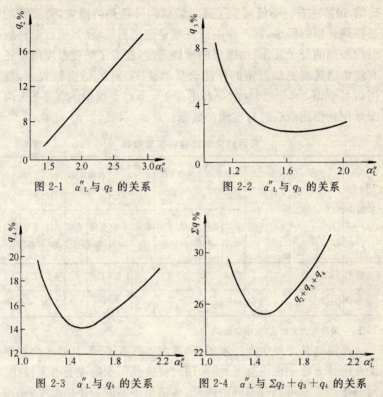

图 2-1　α''_L 与 q_2 的关系　　图 2-2　α''_L 与 q_3 的关系

图 2-3　α''_L 与 q_4 的关系　　图 2-4　α''_L 与 $\Sigma q_2+q_3+q_4$ 的关系

若是炉膛漏冷风,特别链条炉排排渣没有水封,或不严密而漏入大量冷风,对 q_4 的影响十分严重。某单位[实例 2]对排渣系统彻底水封,并堵塞炉墙漏冷风,使 α_{py} 值由 2.9 降至 2.1,炉渣含碳量也降到 12% 以下,锅炉热效率由 68% 提高到 76%。

2.3.4　采用高温红外涂料

在炉膛内耐火砖的表面涂上高温红外涂料,高温烧结后,形成一种固化"瓷膜"。高温红外涂料是由锆、铝、硅、铁、钛、铬、锰等的氧化物或碳化物等强辐射材料,根据不同使用温度,选择不同配方加入胶粘剂、稀释剂配制而成的。固化后的涂料层比耐火砖黑度高,从 0.6 左右提高至 0.94。该涂料是由强辐射材料组成,高温下辐射出红外线。涂料层的导热系数很小,本身吸热量仅为耐火砖的10%左右。不仅减少了通过炉墙向外散热的损失,更重要的是将热量辐射回来,将产生的红外线穿透燃料层,使其吸收红外线引起激烈的分子共振,加速煤的燃烧速度,提高了炉膛温度附带还有使炉墙砖缝更加严密的作用。某单位[实例3]的资料表明,使用后可节煤20%~30%。一般用在10t/h以下锅炉。表2-2为两个单位在使用前后进行实测的数据:

采用红外涂料前后实测数据　　　表2-2

实例号	炉型	实测出力(t/h)		锅炉效率(%)		灰渣含碳(%)		a_{py}(%)		排烟温度(℃)		q_2(%)		q_4(%)	
		采用前	采用后	采用前	采用后	采用前	采用后	采用前	采用后	采用前	采用后	采用前	采用后	采用前	采用后
[实例4]	KZL4-13	3.15	3.25	71.8	75.70	21.82	13	1.99	1.67	173	—	—	—	11.41	—
[实例5]	DZL6-13-A$_{II}$	—	5.57	64*	76.39	—	—	—	—	—	192	10.79	—	5.29	

注:*采用前为大修前,效率较低。

高温红外涂料生产厂家较多,其配方各有不同,其要求涂料厚度及涂抹方法上也略有差异,采用时要按照厂家的说明书来操作。同一生产厂家可能有不同的牌号,各适用于不同的使用温度,选用时要加以注意。涂刷涂料之前,先要将耐火砖表面的焦及杂物铲除,清扫干净,然后用毛刷将涂料均匀地涂刷两遍,待自然干燥后,低温烘干,烘干时升温不能超过100℃/h,烘干至400℃以后即可投入运行。

2.3.5 煤与炉渣混烧

将煤与渣按一定比例(一般约为4∶1)充分混合后入炉燃烧,煤中掺了颗粒较大的渣,减少了通风阻力,增加了煤层的透气性,送风更加均匀,提高了燃烧的稳定性,使炉渣含碳量显著下降。某单位[实例6]的资料,可使含碳量降至8%以下。但是要注意的是,采用煤与渣混烧时,煤层要加厚,炉膛温度会略有下降。

也有的单位将煤、焦、渣与水,根据煤质不同和炉型不同,采用不同的配合比(一般煤:焦:渣:水=8:4:1.3:1),在6t/h以上的热水锅炉混合燃用;或用无烟煤、烟煤和炉渣、掺水混烧法,都取得了节煤的效果。但煤及焦都要过筛,保持一定的粒度;碎焦和渣要反复回烧。其掺水的作用将在2.3.6节阐述。

2.3.6 蒸汽助燃

不采用蒸汽助燃时,固定碳燃烧的反应是:

$$C+O_2 \longrightarrow CO_2 \uparrow (放热)$$

$$2C+O_2 \longrightarrow 2CO \uparrow (放热)$$

$$C+CO_2 \longrightarrow 2CO \uparrow (还原、吸热)$$

以上反应都为多相反应,反应速度缓慢。

若随着送风将雾化水分子带入燃烧室内,雾化水分子在燃烧室内被灼热的碳夺去氧,则生成激活的 H^+:

$$C+H_2O \longrightarrow CO \uparrow + 2H^+$$

不断向炉内送风,有氧存在时 $2H^+$ 尚未结合成 H_2,就遇到氧先生成活化氢氧游离基 OH^-:

$$2H^+ + O_2 \longrightarrow 2OH^-$$

化学反应总是沿着活化能低的路线进行。OH^- 与 C 和 CO 起反应,可降低活化能,而起连锁反应,或称"微炸爆燃"效应:

$$OH^- + C \longrightarrow CO \uparrow + H^+$$

$$OH^- + CO \longrightarrow CO_2 \uparrow + H^+$$

又产生激活的 H^+,而不断加速燃烧反应的速度,很显然,其机理是激活的氢原子引起碳和一氧化碳燃烧的连锁反应,降低活化能而加速燃烧速度。

通入蒸汽的装置称为锅炉燃煤助燃器,它是在锅炉两侧送风道内安装的辅助喷水(水压保持在 $0.18\sim0.35$ MPa)助燃系统。利用燃烧室产生的废热将水汽化,汽化的水在该系统中与空气均匀混合。

某单位[实例7]曾在三台锅炉上进行了正、反热平衡的对比测试,现将其中两台锅炉测试的主要数据列于表2-3。

热水锅炉采用蒸汽助燃前后对比　　　　　表 2-3

炉号及炉型	五所1号炉 DHL29-1.6/150/90-A$_{II}$（哈锅）			六所1号炉 DHL14-1.0/115/70-A$_{II}$（沈锅）		
项　　目	采用后	采用前	差值	采用后	采用前	差值
煤的发热值（kJ/kg）	19600	19600	0	19650	19650	0
热负荷(%)	81.93	71.38	+10.55	72.79	63.71	+9.08
炉膛平均温度(℃)	1104.5	963	+141.5	1110	1010	+100
灰渣含碳量(%)	16.6	21.3	-4.7	15.82	20.9	-5.08
飞灰含碳量(%)	18.3	24.2	-5.9	24.30	30.0	-5.7
排烟温度(℃)	235	230	+5.0	105	100	+5.0
正平衡效率(%)	73.00	64.70		66.60	58.30	
反平衡效率(%)	69.19	65.13		64.70	59.20	
平均热效率(%)	71.10	64.90	+6.2	65.65	58.75	+6.9

要加以注意,不是只要向煤层中通入水或蒸汽都可以起到蒸汽助燃的作用。如为了防止煤屑飞扬,而在煤中掺水粘结,这些水分入炉后就被烘干,则起不到"助燃"的作用。从上述不难看出,起蒸汽助燃作用必须具备三个条件:一是,雾化的水分子,在碳灼烧前先生成蒸汽,与碳反应而产生激活的氢(H^+);二是,激活的氢(H^+)在尚未结合成氢分子(H_2)时就遇到氧(O_2)而产生活化氢氧游离基(OH^-);三是,必须 OH^- 与 C 或 CO 反应产生连锁反应,不断重新出现激活的氢(H^+)。

2.3.7　采用高效节煤剂

有的单位在供热锅炉上还应用"GX-J 型高效节煤剂",这种"节煤剂"是中性、无毒、不挥发的液体,应用时以 1∶2000 比例的水稀释。稀释后的 GX-J 直接与煤混合,也可将它雾化均匀地喷入燃烧层,使它与煤均匀接触。GX-J 的稀释液的用量占煤总量的 10% 左右。混有"节煤剂"的燃煤进入燃烧区时,其微细的水滴急剧汽化,实质上也是蒸汽助燃的原理改善燃烧状况,加速燃烧速度,提高炉膛温度,降低炉渣含碳量,提高热效率达到节煤的效果。同时还有使灰渣疏松,煤灰不易结焦的作用,和减少烟尘及灰渣的排放量的效果。某单位[实例8]DZL4-13-A$_{II}$锅炉使用"节煤剂"前后对比的测试数据列于表2-4。

使用"节煤剂"前后对照　　　　　　　　　表2-4

项目	锅炉出力(%)	正平衡效率(%)	排烟温度(℃)	炉膛温度(℃)	输出蒸汽量(kg/h)	灰渣含碳量(%)	节煤率(%)	额定出力烟尘排放浓度(mg/Nm^3)	
								锅炉出口	除尘器出口
使用前	42.45	44.86	169	971	1698	12.65	—	998.70	406.20
使用后	46.10	57.44	176	1136	1844	9.32	28.04	451.49	300.53

主要参考文献

1. 解鲁生,蔡启林,狄洪发,姚约翰,尹光宇.城镇供热系统节能技术措施培训教材.中国城镇供热协会技术委员会,清华大学建筑学院,2001
2. 王安荣,丁子祥,王晋超.提高锅炉热效率的若干措施,区域供热,1998.6 Vol.77
3. 《锅炉供暖节能技术措施》简介.全国房地产科技情报网供暖专业网
4. 张雅杰,周清村.过量空气对锅炉热效率的影响及分析
5. 解而康,吴晓红,李志宏.应用锅炉燃煤助燃器取得明显节能效果.区域供热,1996.6
6. 高温红外涂料现场会经验交流材料,(1994.11.青岛)
   (1) 锅炉应用高温红外线涂料情况介绍,青岛港大港公司
   (2) 高温红外线涂料在锅炉上的应用,青岛钢丝绳厂
7. 湖南省涟源市华生非金属材料厂.HTEE系高温红外线辐射涂料在工业炉窑上的应用介绍,区域供热,1997.1

第三章 链条炉分层燃烧技术

3.1 分层燃烧的特点

链条炉实际运行中常存在以下问题：

(1) 利用煤仓供煤，由于煤的向下垂直压力较大，和煤闸板的挤压，使形成的煤层比较密实。

(2) 炉排上的煤层都是些颗粒大小不等混合在一起构成的，常称为：煤的粒径无序掺混。

(3) 由于煤经过运煤装置卸至贮煤仓时，块状煤易向两侧滚动，因此炉排上煤层，沿炉排方向有时分布不均匀：炉排两侧块状煤多，而细碎煤粒则在中部较多。

由于上述现象造成：煤层透气性差，通风阻力高，送风机电耗增加；炉排上通风分布不匀，炉膛过剩空气系数偏大而且易于形成风口或漏煤量较多；炉排两侧容易漏入冷空气，使炉温下降，过剩空气系数上升。最终结果是煤不易烧透、排渣含碳量高，锅炉效率和出力都下降，达不到设计要求，送风机电耗较大。特别是燃用煤种与锅炉要求不吻合，燃用挥发物少、灰分多、碎末多的劣质煤时，锅炉效率和出力的下降尤为显著。为了解决这些问题，20世纪90年代以来在我国各地纷纷采用分层燃烧技术。

分层燃烧装置主要是改进炉子的给煤装置。一般是在溜煤管的出口加装给煤器，使落煤疏松和控制加煤量，而取消煤闸板；然后通过筛板或气力的作用，将煤按粒度分离分档，使炉排上煤层按不同粒度范围分成二层或三层，有的将细粉送至炉膛内燃烧。也有将煤的较大颗粒落至炉排上燃烧，较小或细碎的颗粒经磨细喷入炉膛燃烧。凡用筛板分离的称为机械分层,用气力分离的称为风压分层。

分层燃烧使炉排上煤层疏松,并按颗粒大小有序排列为二层或三层均匀分布,这就避免了煤层密实、粒径无序掺混而带来的很多缺点,从而提高效率和出力及煤种的适应性。

3.2 分层燃烧装置的结构

3.2.1 前苏联的分层燃烧装置

分层燃烧技术并不是最近的发明,早在 1950 年以前前苏联已采用机械分层的加煤装置;1952 年以前已有风压分层的经验,1953 年初我国首先于下花园发电厂采用,取得良好效果。我国的专利则从 20 世纪 90 年代初开始。

前苏联的机械分层装置如图 3-1 所示,在溜煤管

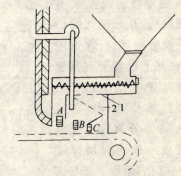

图 3-1 装有螺旋给煤机的机械分层装置
1—粗筛板;2—细筛板

之下装有螺旋给煤机,煤由前向后在给煤机中输送。给煤机中部的底为粗筛板 1,煤经此筛板后,中、小颗粒的煤通过筛孔,落至倾斜的细筛板 2 上,小颗粒的煤通过细筛孔下落,中颗粒的煤经细筛板的倾斜面下滑,由(C)部位落至空炉排上。通过细筛板的筛孔下落的小颗粒煤,经细筛板下倾斜导板由(B)部位下落,落至已有中颗粒的煤层上。大颗粒的煤不能通过粗筛板的筛孔,输送至螺旋给煤机的尾部由(A)部位下落至炉排的煤层上。这样就使炉排上的煤分为三层:最底层为中颗粒;中间层为小颗粒;最上层为大颗粒。粉末状的煤则由风机吸入炉膛中燃烧。

前苏联这种分层燃烧技术,分层合理,细末在炉膛内悬浮燃烧,

燃烧效果较好,对碎粒较多而大块较少的煤尤其显著。调节螺旋给煤机的转速就可以调节给煤量,比较方便可靠。但是,要设置螺旋给煤机和风机,都要电动机带动,而且整套装置要求的高度和长度都很大。如果煤中含有超标大煤块,给煤机容易被卡住或受损。

下花园电厂采用的风压分层装置十分特殊,它不是在给煤装置上进行改造,其给煤方式完全不变,并且仍用煤闸板控制煤层厚度。而是装有高压风机,在分离区的炉排下设分层风口;改造前拱,在其上设置带有垂堰的分离室,如图 3-2 所示。从煤闸板及第一段送风口之间为分离区。分离室高度一般为煤层厚度的 2~3 倍,垂堰下部与煤

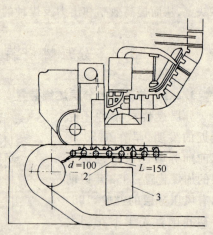

图 3-2 风压分层装置
1—分离室;2—分层风口;3—高压风管

层距离应保证带有煤末的空气流速在每秒 3~6m。分层风口尺寸小于炉排下两排滚子的间距,但大于滚子直径,约为滚子直径的 1.15~1.2 倍。分层风口的方向应使空气流直上,并应正对分离室的前沿。

煤加至炉排上后,运动至分层风口时,由分层风口高压送风,使大块的煤在炉排上稍微活动,中块及小块的煤都被吹扬起来,离开炉排面,此现象称为煤屑沸腾。此时风压称为沸腾点。中块与小块的煤重量不同,中块煤被吹起后离炉排面不很高,小块及碎末煤则被吹起很高。煤层沸腾后风压降低,中块煤先落下,落在大块煤之上。小块煤被吹起越高,下落则越慢,落在中块煤之上,细小煤末则随风吹入炉膛燃烧。炉排上的煤层大块在最下层、中块在中间层、小块在最上层而分为三层。

风压分层的关键是:要有足够而适合的风压,所需风压与燃料中碎末、燃料比重、燃料的含水量以及炉排速度有关。分离室与分层风口要设计正确,否则分离不好会增加飞灰的机械不完全燃烧热损失。分层用气体的 RO_2 值要小于3%,否则着火线后移。

下花园发电厂采用风压分层后试验的结果是:用干煤不分层时,锅炉的效率为77.54%;用煤中加水不分层时,锅炉的效率为80.73%;用风压分层时,锅炉的效率为82.44%。

3.2.2 我国分层燃烧装置的专利

我国从1993年到1997年间申请关于分层燃烧的专利共有8项,现分述如下:

(1) 由链轮轴带动滚筒给煤机的分层燃烧:

这类分层燃烧装置是设置滚筒式给煤机由链条炉排的主动链轮轴带动的。其中一个专利ZL93231575.5CN2171780Y)的结构如图3-3所示。煤由落煤管从进口2进入,经滚筒3落至倾斜导向滑板4下滑,再经筛子7而分层,大块煤在煤层最下部,而中、小块煤则在煤层的上部。筛子多为2~3层,与炉排成锐角。在承重梁10与固定筛子的外壳之间通过摇柄6铰接,凸轮5固定在摇柄6上,当内部通道堵塞时,摇动摇柄6使筛子7振动,从而解除堵塞。

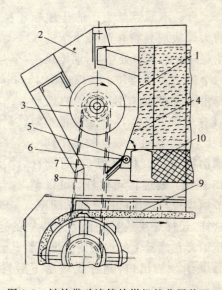

图3-3 链轮带动滚筒给煤机的分层装置
[ZL93231575.5]
1—外壳;2—进口;3—滚筒;4—导向滑板;
5—凸轮;6—摇柄;7—筛子;8—出口;
9—链条炉排;10—承重梁

图3-4所示为ZL95233823.8 (CN2221720Y)专利产品的构造示意图。其滚筒及传动机构与图3-3所示相同,主要不同点在筛子为单层复合筛,由梳齿状筛条组成筛网。复合筛的上部为筛板1,下部为与筛板连接为一体的梳齿状筛条2,相间的筛条向下折,如图3-5所示。折低的筛条3,与筛条2形成20°~30°的夹角。

另一不同点是为了防止超标的大煤块或异物在落煤斗1进入给煤斗2的入口处堵塞,而增设了一个弹力挡煤器8。挡煤器的上部由一个外套有弹簧10的螺栓11来定位,螺栓11固定在槽钢架9上,挡煤器的下端也铰接于同一槽钢架9上。挡煤板12与丝杆13连接,通过转动丝杆,可以调节挡煤板与送煤机构之间的间距。

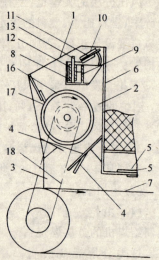

图3-4 链轮带动滚筒给煤机的分层装置[ZL95233823.8]

1—落煤斗;2—给煤斗;3—分煤斗;4—单层复合筛;5—耐火砖;6—后梁;7—链条炉排;8—弹力挡煤板;9—槽钢架;10—弹簧;11—螺栓;12—挡煤板;13—丝杆;14—折低的筛条;15—托板;16—滚筒;17—筋条;18—传动带

这样,超标煤块或异物随着给煤机的运动直接作用在挡煤板上,压缩套在螺栓上的弹簧使挡煤板绕其轴转动一定角度,撑大进入分煤斗3的出口,超标煤块落下后自动复位,保证不会发生堵塞。

这种装置的滚筒16上带有筋条17;在与锅炉前拱连接的托板15上覆盖一层耐火砖5,以防止给煤装置受热变形。

图3-5所示为筛子的结构,筛板1上的梳齿状筛条2,每相间的筛条向下折低,折低的筛条与其他筛条形成20°夹角。

图3-6所示为ZL96212129.0(CN2251101Y)专利产品的示意图。其主要特点是在给煤滚筒上方的煤斗中设置煤闸板的提升手

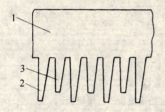
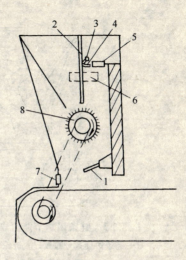

图 3-5　筛子的结构
1—筛板；2—梳齿状筛条；
3—折低的筛条

图 3-6　锅炉节能分层给煤仓
[ZL96212129.0]
1—分层筛；2—煤闸板；3—煤闸板提升滚筒；
4—提升手柄；5—上部观察窗；6—侧视窗；
7—下部观察窗；8—给煤滚筒

柄 4 及提升滚筒 3 来改进给煤量的调节。另一特点是为了便于观察及检修增设了上部观察窗 5、侧视窗 6 及下部观察窗 7。

这种装置的分层筛 1 为了便于安装及检修采用分段式,也为齿条形筛子,筛条按间隔一高一低,两者末端夹角为 10°～30°,直筛条为直线型,低筛条带有圆弧过渡(图 3-6 中均未表示)。给煤滚筒 8 表面为凸齿形,凸齿高度可为 30～50mm,使他具有更好的推动作用和减少磨损。

图 3-7 所示为 ZL97216122.8 的分层燃烧装置,其结构与前述类似,主要是煤闸板机构不同。

上述四种分层装置都是采用滚筒式给煤机,都是由炉排主动链轮轴来带动,不需要另外给动力,结构简单为其突出的特点。但是链轮轴与滚筒转动的转速比是固定的,因此调节给煤量比较困难,虽然有的在煤斗内滚筒上方设了煤闸板及其升降机构,但是运

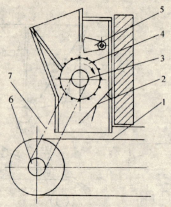

图 3-7 链条锅炉节能给煤装置[ZL97216122.8]
1—链条炉排；2—筛板；3—链轮；4—给煤滚筒；5—煤闸板；
6—炉排主轴；7—链条传送带

行中要使煤闸能灵活的自由升降较为困难，而调节也不够方便。采用高、低筛条结构，可使炉排上层煤表面呈波浪状，增大煤层表面积有利于燃烧。但是齿条的形状、长短，筛子及导向滑板的倾斜角度，高、低筛条末端夹角等都必须很好匹配，否则造成齿条尖端相邻筛条间，漏煤而影响分层效果。

（2）电动机带动给煤机的分层装置：

以上所述四种专利产品，虽然有的说明书也提到滚筒给煤机也可由电动机直接带动，但见到的实例，尚未发现采用电动机带动的。若由电动机带动，则给煤机不限制采用滚筒式给煤机，也可用螺旋给煤机、刮板式给煤机或振动给煤机等。图 3-8 所示为由电动机带动滚筒式给煤机的双层梳齿式振动筛分层装置 ZL94214484.8(CN2191976Y)的结构示意图。

由电动机带动的滚筒给煤机的分离装置 ZL94214484.8(CN2191976Y)，也是被推广应用的机械分层装置，其结构示意见图 3-8，这种装置的动力源为小型电磁调速电机，经柱销联轴器、摆线针轮减速机和万向联轴器与给煤滚筒的轴连接（在图 3-8 中未表示）。给煤机的转速可以调节改变给煤量，而不受炉排链轮转速的制约。

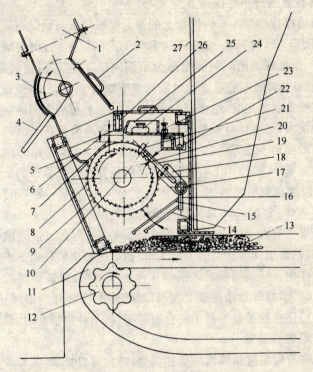

图 3-8 电动机带动滚筒给煤机的分层装置[ZL94214484.8]
1—落煤管；2—检修孔盖；3—分段弧形挡板；4—手柄；5—给煤斗；6—固定间隙；7—给煤间隙；8—拨煤筋条；9—给煤滚筒；10—给煤滚筒主轴；11—链条炉排；12—主动链轮；13—煤层；14—细筛齿；15—粗筛齿；16—双层梳齿式振动筛；17—振动筛转轴；18—角度调节板；19—振动臂；20—棘轮；21—棘爪；22—轴销；23—间隙调节螺钉；24—配重；25—分段摆动箱形闸板；26—固定梁形闸板；27—前炉墙

图 3-8 中给煤滚筒 9 的下方有倾斜放置的双层梳齿式振动筛 16，其上层是粗筛齿 15，下层是细筛齿 14，煤被分成三层落在炉排上：最下层为大颗粒，中层为中等颗粒，最上层为小颗粒。给煤滚筒主轴 10 一端与调速电机连接，另一端有棘轮 20。振动筛在棘轮 20、棘爪 21 和振动臂 19 的带动下，绕振动筛转轴 17 做间歇振动。

33

筛齿与炉排 11 间的倾角可以通过改变振动臂 19 在角度调节板 18 上的位置进行小范围调节。

两端焊在给煤斗 5 两侧壁上的固定梁形闸板与给煤滚筒间的间隙固定不变,约 100～200mm,称为固定间隙 6。分段摆动箱形闸板 25 与给煤滚筒间的间隙称为给煤间歇 7,它比固定间隙小,一般为 70～80mm,它可以通过间隙调节螺钉 23 给定和调整。煤的颗粒度符合规定时,给煤间隙保持不变;当通过固定间隙的煤有少量大块时,可将摆动箱形闸板 25 顶起,在滚筒和它上面的拨煤筋条 8 的推动下使煤通过。当大块煤通过后,在摆动箱形闸板的自重和配重 24 的作用下,使摆动箱形闸板复位保持原来的给煤间隙。分段摆动箱形闸板 25 沿炉排宽度方向均匀的分成若干段,每段长约 800～1000mm,总长度与炉排宽度相等。

若煤中有大于固定间隙的煤块或异物时,会在固定间隙处卡住,此时给煤滚筒的转动阻力增大,柱销联轴器中的柱销折断起过载保护作用。柱销折断后将手柄 4 向上推,使分段弧形挡板 3 处于关闭位置,打开检修孔盖 2 便可取出异物,更换柱销继续运转。有的单位还在柱销联轴器中装有报警装置,当柱销折断时,设置在远方的报警器报警。

这种分层装置给煤量可单独调整;筛齿可以振动,其与炉排的倾斜角度可以调整;给煤间隙可以调整,煤块卡住时有过载保护;煤层可分为三层,分层效果好。但要另给动力源;结构较为复杂。

(3) 具有纠正块煤跑边功能的分层装置:

图 3-9 所示为一种具有纠正块煤跑边功能的分层装置 ZL95233232.9(CN2221719Y)的结构示意图。这种装置在进煤口 1 内设置有可调节挡煤板 2 和固定挡煤板 3。螺旋给煤机 4 设置在固定挡煤板 3 的下端。可调节挡煤板 2 采用铰链机构,通过装在侧壁上的调节槽 13 调整调节块 14 的位置来变换可调节挡煤板 2 的状态,以实现减轻进煤口 1 内存煤对下部螺旋给煤机 4 的压力及避免进煤口 1 内存煤堵塞。

煤在可调节挡煤板 2 和固定挡煤板 3 的导流下,首先流动到螺旋给煤机 4 的上方,随螺旋给煤机 4 的转动向下推进,同时将块煤向中间输送,然后从倾斜的布煤斗 6 下端经落煤口 15,呈疏散的煤流落至压制式分煤器 9 上。布煤斗 6 上设有几条由两侧向中间辐向倾斜的导流筋(在图 3-9 中未表示)。两侧较多的块状煤,经螺旋给煤机和布煤斗上导流筋的导流作用,部分地向中部流动,以纠正块煤跑边现象。布煤斗 6 的倾斜角度,可通过改变布煤斗支撑 7 的位置来调整,以达到调节煤流状态的目的。

压制式分煤器 9 是在压制式分煤器轴 19 上套装若干组齿高不同的压煤齿轮 10。从落煤口 15 中落下,其较大块状煤被旋转的压煤齿轮 10 分离向外甩落在炉排 11 上随炉排向炉内移动。经压煤齿轮分离的粉状煤依靠自重较缓慢地通过压煤齿轮 10 之间的间隙,下落到炉排 11 上已落有较大块煤的煤层上面,而在炉排上形成块煤在下部、粉煤在上部的分层效果。由于压制式分煤器 9 上的压煤齿轮 10 的齿高不同,在连续旋转挤压下,可使炉排 11 上煤层表面形成凹凸波浪状,增大层煤表面积,以利于充分燃烧。

煤层厚度可以通过调节压制式分煤器轴 19 与炉排 11 的距离来控制。煤闸板 18 主要起挡火作用,其位置可通过手轮 5、吊链

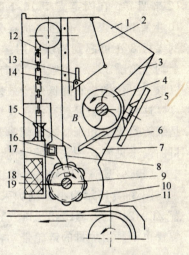

图 3-9 纠正块煤跑边的
分层装置[ZL95233232.9]

1—进煤口;2—可调节挡煤板;3—固定挡煤板;4—螺旋给煤机;5—手轮;6—布煤斗;7—布煤斗支撑;8—刮煤板;9—压制式分煤器;10—压煤齿轮;11—炉排;12—吊链;13—调节槽;14—调节块;15—落煤口;16—固定支架;17—喷嘴;18—煤闸板;19—压制式分煤器轴

12来调节。在固定支架16上装有刮煤板8,既可清理压煤齿轮10上粘带的煤泥,有利块状煤分离向后甩落和粉状煤下落,同时刮煤板8还可起到挡煤作用。固定支架16是一根喷淋管,在其上均布喷嘴17,通过喷嘴17向煤层表面连续喷撒水作为助燃剂,以取得更佳燃烧和降低烟尘效果。

这种分层装置具有纠正块煤跑边的功能是其独特的特点。但是螺旋给煤机和压制式分煤器都要动力带动,机械较复杂。笔者目前尚未见到这种装置的实例,其实际效果尚难以评述。

(4) 小型锅炉用分层燃烧装置:

图3-10所示为小型锅炉采用卷扬翻斗上煤装置时的分层装置 ZL94240462.9(CN2221157Y)的示意图。这种分层装置的给煤装置也不是由炉排的链轮带动,而是利用卷扬翻斗,不再增加动力

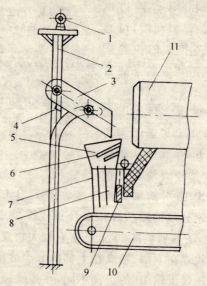

图3-10 卷扬翻斗上煤方式的分层给煤装置[ZL94240462.9]
1—卷扬机钢索滑轮;2—翻斗起架架;3—装有电动振动器的翻斗;4—电动振动器;
5—炉前煤仓;6—固定筛板;7—炉前煤斗;8—分层筛板;9—煤闸板;
10—链条炉排;11—锅炉本体

源,仅在翻斗3上装有电动振动器4;在煤仓5中装有两层固定筛6,上层为粗筛孔,下层为细筛孔;在煤斗7中装有分层筛板8,分层筛板下端到炉排面的距离不等。炉排上层分为三层:大块在最下,中层为中等煤块,最上层为小块及碎末。

不需另加动力源,结构十分简单为这种装置的优点,但给煤量不易调节;小型锅炉炉排较短,炉排下又不送热风,对最下层的大块煤燃烧及燃尽不利。目前这种分层装置也未见到采用者。

(5) 分层半沸腾燃烧装置:

图3-11所示为分层半沸腾装置 ZL93231880.0(CN2185376Y)的示意图。煤经箅板2,限制煤的最大颗粒,落至煤仓1下端的刮板给煤机3上。给煤机的动力来自可调速的电动机,以调节给煤量。由刮板给煤机3落下的煤,经落煤管4落至筛分装置5。筛分装置为两层倾斜的筛板,筛板上的落煤孔大小不一,倾斜的下端孔大而上端孔小。煤经筛分装置5落至炉排6上,煤在炉排上分层为大块在下而小块在上。在炉排下最前端的风室为高压风室

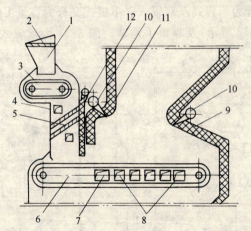

图3-11 分层半沸腾燃烧装置[ZL93231880.0]
1—煤仓;2—箅板;3—刮板给煤机;4—落煤管;5—筛分装置;
6—炉排;7—高压风室;8—常规风室;9—后拱;
10—前、后二次风;11—前拱;12—煤闸板

37

7,已分层的煤经高压风室的风口时,粉状颗粒被吹至炉膛内悬浮燃烧,炉内设前、后拱及前、后二次风以加强混合。这种装置专利产品须装有构造比较复杂,成本较高的给煤机。该给煤机应用在小型锅炉、窑炉给煤设备上成本较高不合算。

3.2.3 目前广泛采用的分层燃烧装置

在 3.2.2 节中已述及,具有纠正块煤跑边功能的分层燃烧装置;卷扬翻斗上煤的分层燃烧装置;分层半沸腾燃烧装置,这三种分层燃烧装置很少被采用。广泛被采用的,都是由炉排主动链轮轴来带动,或由电动机带动的滚筒给煤机式的分层燃烧装置。尤以由炉排主动链轮轴带动的采用最为广泛。广泛被采用的分层燃烧装置的机构,都是采用上述五种专利,或在这五种专利的基础上将机构略加改变。以下仅以某厂[实例 19]为例,加以阐述,其他各生产厂家的产品就形形色色略有区别,不一一阐述。

该厂生产≤15t/h锅炉用分层给煤装置,称为"层燃加煤斗",驱动装置可采用与炉排主轴联动形式,也可采用减速电动机驱动。给煤装置分为单辊式及双辊式。单辊式又分为煤量由蜗轮蜗杆调节(如图 3-12 所示)及靠扳手调节。图 3-13 为双辊式,煤量也是

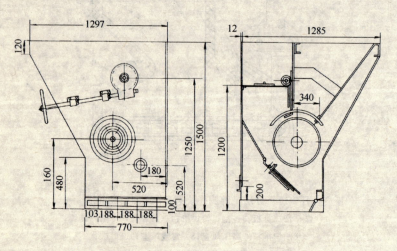

图 3-12 单辊式蜗轮蜗杆调节给煤装置

用蜗轮蜗杆调节。不论是单辊还是双辊装置,筛分装置都可根据煤粒大小,在 0～60°范围内调节角度。

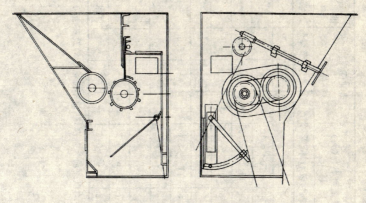

图 3-13　双辊式给煤装置

3.3　分层燃烧的效果

我国现在流行的机械分层燃烧装置都是大块煤在下,中、小块煤在上,煤层分层层次分明。由于中、小块煤在表面,改善了着火条件;并且由于送风均匀,增加了氧气的扩散,使煤渣中的含碳量降低,并且减少了 α 值。因此,可以增加出力和提高热效率。选取 10 台测试较完整的锅炉,将其测试数据列于表 3-1。

表 3-1 采用分层燃烧前、后热平衡测试数据①

实例号	炉型	蒸汽量(t/h)或产热量(MW)②			热效率(%)			灰渣可燃物(%)			蒸吨标煤耗(kg/t·h)		节煤%	排烟温度(℃)	
		改前	改后	提高%	改前	改后	提高%	改前	改后	降低%	改前	改后		改前	改后
[9]	GB-35/54-M	32	38.1	19.1	62.5	77.9	15.4	—	15.8	—	160.8	132	17.9	—	150
[10]	上海锅炉厂 20t/h	≈14	>20	>42.9	≈60	72	≈12	>20	≈10	≈10	—	—	17	—	—
[11]	SHL 20t/h	15	20③	33.3	60.4	77.3	16.9	24	11.1	12.9	124.6	115.3	7.5	—	176
[12]	SHL 20-13-A	≈15	22	46.7	<70	77.2	>7.2	20~30	11	9~19	—	111	—	—	176
[13]	SZL 14-13/350-A$_{II}$	≈9	15.6	73.3	—	75.6	—	—	9.7	—	—	127.6	—	—	—
[14]	SHL 10	9.2	11.7	27.2	71.6	77.0	5.4	16.6	11	5.6	—	—	7.5	—	202
[15]	SZL 8-1.57-A$_{II}$	6.6	8.4	27.3	70.2	75.1	4.9	11.2	8.5	2.7	109.4	100.2	8.4	208	—
[16]	10.5MW 热水炉	—	—	11	65	78	13	16.7	10	3	—	—	—	—	—
[17]	SZL 2.8-7/95/70-A$_{II}$	(2.34)	(2.66)	13.7	63	75	12	16.7	10.5	6.2	—	—	—	160	167
[18]	KZL 2.8-7/95/70	(2.28)	(2.59)	13.6	63	75	12	17.2	11.6	5.6	—	—	—	153	157

注：① 测试热效率以正热平衡热效率为准。蒸发量(产热量)提高(%)及节煤(%)均以改前为基准。热效率提高(%)及灰渣可燃物(%)为改后与改前的差值。
② 括号内数值为 MW，其余为 t/h。
③ 原燃料为 22t/h，经调查核实为 20t/h，平时运行偶尔达到 22t/h。

3.4 采用分层燃烧应注意的问题

(1) 不宜用于没有空气预热器的锅炉

目前采用的分层燃烧是大块煤在最下层,中、小块煤及碎末在上层,对着火有利,因为链条炉排的着火、燃烧是由上而下进行的,但对大块煤的燃烧及燃尽不利。对 10t/h 以上有空气预热器的锅炉,由于炉体下送进的是热风,影响不显著,对没有空气预热器的小型蒸汽锅炉或热水锅炉效果较差。某锅炉房[实例 20]SZL 型 6.5t/h 蒸汽锅炉安装了分层燃烧装置,灰渣中可燃物的含量反比加装前略有增加。

又如某锅炉房[实例 21],一期装有两台 DZL 29-1.25/120/65-A$_\text{II}$ 水火管热水锅炉,不设省煤器及空气预热器等尾部受热面,但装了分层燃烧装置。将这两台锅炉 2000 年 2、3 两个月测得灰渣中可燃物含量的数据加以统计:2月份平均为 14.95%;3 月份平均为 15.86;2 月份及 3 月份平均为 15.42%。最低(3月5日乙班)为 11.68%;最高(3月 16 日甲班)为 31.02%。

(2) 加装分层燃烧装置时不要把侧墙水冷壁下联箱的死水区暴露在炉膛内

链条锅炉两侧墙水冷壁的下联箱为了便于冲洗,其前端都是通至前墙外沿。从侧墙水冷壁炉前第一根水冷壁管起,向前直至前墙外沿这一段下联箱就形成死水区,这段死水区是封闭在炉墙内不让受热的。某锅炉房[实例 22]的 10t/h 蒸汽锅炉,为了加装分层燃烧装置,将前墙前移,使部分死水区暴露在炉膛中。改用分层燃烧后不久,有一侧水冷壁下联箱暴露在炉膛内的死水区发现裂纹。裂纹发生的原因可能是多方面的,但这总是不利因素之一。

(3) 分层燃烧装置机构必须灵活可靠

随着分层燃烧技术的推广,经营及加工单位日益增多,其制造加工水平差别悬殊。有的锅炉房就反映,常因机构运转不灵活或发生故障而被迫停炉检修。前述某锅炉房[实例 21],为 29MW

(相当于41t/h)的锅炉,采用瓦房店市永宁机械厂,最大用于15 t/h锅炉的分层燃烧装置的机构略加改变,投运后发生主轴变形,零件卡坏,而被迫停炉影响供热。

分层燃烧技术在应用推广上应注意的问题,与链条炉与煤粉复合燃烧技术相同,将在4.5节中一并阐述。

主要参考文献

1. 韩士信,黄长谦.锅炉的燃烧理论及热平衡.燃料工业出版社,1952
2. 关于介绍链式炉采用风压分层的经验.人民电业,1953年第1期
3. 解鲁生.链条炉排分层燃烧及煤粉复合燃烧技术应用的探讨.建筑热能通风空调,1999年第1期
4. ZL93231575.5(CN2171780Y)专利说明书,专利名称:分层式锅炉给煤装置
5. ZL95233823.8(CN2221720Y)专利说明书,专利名称:正转链条锅炉给煤装置
6. ZL96212129.0(CN2251101Y)专利说明书,专利名称:锅炉节能分层给煤仓
7. ZL94214484.8(CN2191976Y)专利说明书,专利名称:正转链条锅炉给煤装置
8. ZL95233232.9(CN2221719Y)专利说明书,专利名称:正转链条层燃锅炉给煤装置
9. ZL94240462.9(CN2221157Y)专利说明书,专利名称:振动分层给煤装置
10. ZL93231880.0(CN2185376Y)专利说明书,专利名称:分层半沸腾燃烧装置
11. 青岛市节能服务中心.加煤分层给煤装置单位及装后情况汇总表,1994
12. 天津大沽化工厂.链条炉炉前燃煤分层装置使用情况总结,1995
13. 齐齐哈尔市热力公司:于长金,段长祥,韩平.应用分层式锅炉给煤装置及改进取得明显节能效果,1997
14. 大沽化工厂1号炉.锅炉热平衡测试报告,1995
15. 北辰热力厂1号炉.工业锅炉热工测试报告,1995

第四章 链条炉排与煤粉复合燃烧技术

4.1 室燃炉及半悬燃炉改进燃烧的途径

集中供热的热电站,常采用中压或次高压燃用煤粉的锅炉;75t/h 以上的供热锅炉也有时采用煤粉炉。煤粉炉没有炉箅,而是将煤先磨成粉状,由燃烧器喷至炉室空间中燃烧,故称室燃炉,或称悬燃炉。室燃炉不仅可以燃用煤粉,也有燃用油及气体燃料的,本节只简述煤粉炉改进燃烧的问题。

室燃炉内燃烧过程虽然也可以按三个阶段来划分,但室燃炉需要煤粉喷入炉内后立即着火燃烧,才能使工况稳定;燃烧与燃尽阶段很难区分,因为燃烧速度很快。因此按三个阶段的划分,对每个阶段进行分析研究已无意义,失去了指导作用。各种室燃炉则都是对其不同的燃烧问题分别加以讨论。

为了加快着火,使燃烧稳定,常采用以下措施:

(1) 煤粉是由空气携带输送入炉内,输送煤粉的空气都采用 200~400℃ 的预热空气;

(2) 使煤粉在磨制过程中用热空气(或热烟气)干燥,希望燃烧时煤粉的水分 ≤10%;

(3) 煤粉燃烧所需的空气,不是全部都用来携带煤粉,仅用其 10%~40% 的空气来携带煤粉,以减少煤粉点燃所需的热容量,这部分空气称为一次风。其余的空气常分两部分送入:一部分从燃烧器中混入,称为二次风;另一部分直接送入炉膛,称为三次风。煤粉炉一次风和二次风的概念与层燃炉完全不同,其三次风与层燃炉的二次风则相似;

(4) 改变煤粉气流喷出燃烧器后的气流组织,使产生一个高温燃烧产物的回流区,提供煤粉点燃所需的热量。

焦炭粉末在炉膛内燃烧所需时间很长,所需距离也很长。提高炉温和煤粉的细度都可以加速燃烧。但煤粉磨得越细,消耗的电能越多。

煤粉燃尽后残留的灰分,在炉膛内呈熔融状态,若尚未冷却就与炉墙、水冷壁或烟气出炉膛处的受热面接触,就会粘结而形成结渣,使锅炉不能安全可靠的运行。为了避免结渣必须注意:

(1) 炉膛要有足够大的容积和足够多的水冷壁受热面,使炉膛靠近四壁处的炉温低于灰的熔点;

(2) 要避免煤粉气流冲刷炉墙或水冷壁;

(3) 运行中要保持炉内火焰中心位于炉膛中心位置,避免火焰中心偏移。

供热锅炉常用的一种燃烧方式是风力——机械抛煤。煤由抛煤机抛入炉室,在炉室中受热着火并开始燃烧,然后落至可摇动除灰的固定炉排上继续燃烧,是一种半悬燃炉。这种燃烧方式的着火条件很好,对煤种的适应性强,负荷调节方便。其炉排与手烧炉相似,不需设拱、二次风及分段送风。容量较大的锅炉,采用抛煤机,倒转链条炉排,其改进燃烧措施可参照链条炉。

抛煤机炉飞灰多,而且飞灰中含碳量高,不仅造成飞灰热损失高而且严重污染环境,常在炉内设飞灰分离器,或在对流受热面下部设飞灰沉降收集飞灰,并装有飞灰回收再燃装置,将收集的飞灰送至炉内再燃烧,以降低飞灰热损失及锅炉原始排尘量。

近年各地采用的"复合燃烧",就是在链条炉外装风扇磨,一部分煤呈煤粉状在炉室内燃烧;一部分煤在链条炉排上燃烧,故又称为二级燃烧,也是一种半悬燃炉,将在下节中详述。

4.2 链条炉复合燃烧装置

4.2.1 链条炉复合燃烧及设备系统

链条炉排采用煤粉复合燃烧,就是在链条锅炉的炉侧或炉前,另装一套风扇磨的制粉系统,同时向炉内喷煤粉室燃。图4-1所示为链条炉复合燃烧的设备系统。煤从煤斗1,经落煤管及给煤机2送至风扇磨3。此系统煤粉采用热烟气干燥和输送,图中17为抽烟气口,8为热烟气管,将烟气输送至风扇磨。磨成粉粒的煤,经输送煤粉的管道5,经燃烧器6,送入炉内燃烧。煤粉也可采用热风干燥和输送。4为粗粉分离器,经风扇磨吹出的煤粉,较粗的煤粒被分离后送返风扇磨,重新磨制。

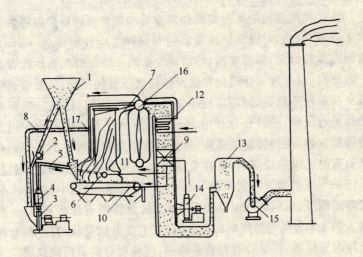

图4-1 复合燃烧设备系统
1—煤斗;2—给煤机;3—风扇磨;4—粗粉分离器;5—输煤粉管道;
6—燃烧器;7—锅炉管束;8—烟气管道;9—空气预热器;10—热风管道;
11—热风管道;12—省煤器;13—除尘器;14—送风机;
15—引风机;16—上汽包;17—抽烟气口

4.2.2 链条炉复合燃烧的创始

早在1970年前西安红旗机械厂七四车间就在30 t/h的链条锅炉上首创使用了煤粉复合燃烧,当时称为"采用二级燃烧"。该厂30t/h链条炉[实例23]是上海锅炉厂在D-20型锅炉的基础上改进设计制造的,它具有12°低长后拱,对燃烧低挥发分烟煤较原D-20型锅炉有所改善,但是由于炉排有效面积仅26.3m^2,自安装投产后蒸发量从未达到铭牌蒸发量,一般仅25t/h左右,煤差时和雨天煤湿时仅能达到15t/h左右,燃烧很困难。锅炉热效率按设计为78%~80%,实际一般在70%左右。因此,提高该炉的出力和效率就成为主要课题。该车间曾先后对30t/h锅炉采取过一些措施,如加装活动均煤斗使燃煤在炉排横断面上均匀分布,消除由于局部通风不良而造成的缺点;装翻灰板以降低灰渣含碳量;敷设卫燃带提高炉膛温度等,但收效不大。

该厂根据多年的运行实践和调查对链条炉和煤粉炉两种炉型作了分析对比。对链条炉既看到它对煤种适应性较差的一面,又看到它运行稳定、容易掌握、劳动强度低的一面。对煤粉炉既看到它效率高、对煤种变化适应性强及燃烧强度高的一面,又要看到它低负荷运行不稳定,间隙运行不适应的一面。经讨论确定既保留炉排进行层燃,同时充分利用30t/h链条炉高大的炉膛的作用进行煤粉室燃,使炉膛温度提高,达到提高出力和热效率的目的。在低负荷时可以停烧煤粉;在高负荷时启动风扇磨复合燃烧。制粉系统采用风扇磨直吹式系统,因为它结构紧凑,占地小;能磨水分较高的烟煤;风扇磨同时能提升压头,输粉管道不易堵塞;易于制造。图4-2为风扇磨煤机的构造图,它主要由蜗壳状的护甲、叶轮及冲击板组成,出口处有粗粉分离器,使粗粉分离返回风扇磨。

改装复合燃烧装置前后测定数据的对比列于表4-1。

4.2.3 链条炉复合燃烧装置的专利产品

1992年申请的专利(ZL92201886.3;CN219378Y),以"链条炉排加复合燃烧锅炉"命名。其系统与设备与前述红旗机械厂的设备系统大同小异,图4-3所示即为其设备系统。煤斗中的煤一

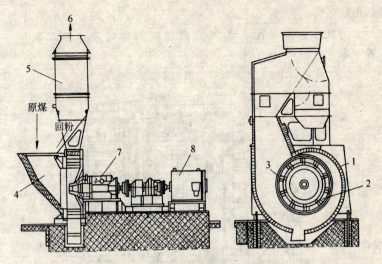

图 4-2 风扇磨煤机
1—蜗壳状护甲;2—叶轮;3—冲击板;4—原煤进口;5—粗粉分离器;
6—煤粉气流出口;7—轴承箱;8—电动机

改装复合燃烧(二级燃烧)前后对比[实例23]　　表 4-1

测定项目	蒸发量 (t/h)	炉室最高温度(℃)	炉膛出口温度(℃)	烟气成分(%)		灰渣含碳量(%)	飞灰含碳量(%)	反平衡热效率(%)
				RO_2	CO			
链条炉	24	1200~1300	600~800	9~10	1.5左右	17左右	35~40	76
复合燃烧	36	1350以上	1000左右	12~13	0.1~0.5	10左右	20~25	84

路送到炉排上,一路经给煤机、磨煤机、粗粉分离器进入炉膛,燃烧器有旋流式燃烧器或直流式燃烧器,旋流式燃烧器是两侧墙对称布置或交错布置;直流式燃烧器是前墙后冲布置或四角布置。煤是采用高温烟气干燥的,高温烟气取自炉膛上部,有抽烟气管直接通到磨煤机。来自鼓风机的风经过空气预热器送到炉排及燃烧器。燃烧过程所产生的烟气经对流管束、省煤器、空气预热器进入

烟道。

与此专业商品配套的风扇磨煤机的型号及主要参数列于表 4-2。

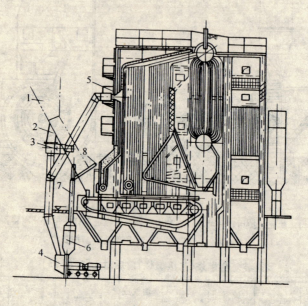

图 4-3 链条炉排加复合燃烧锅炉(ZL92201886.3)
1—煤斗；2—落煤管；3—给煤机；4—风扇磨；5—抽烟气口；
6—粗粉分离器；7—输煤粉管；8—煤粉燃烧器

风扇磨煤机型号及主要参数表　　　　表 4-2

型号	产量 (kg/h)	叶轮转速 (转/分)	煤粉粒度	出口压力 (Pa)	电动机	液力耦合器	干燥剂温度 (℃)	一次风温度 (℃)	额定电流 (A)
FM1000	1000	1450	R90≤30%	1800	Y225S-4/37kW	YOX400	500~800	100~130	69.3
FM2000	2000	1450	R90≤30%	2000	Y250S-4/55kW	YOX450	500~800	100~130	130
FM3000	3000	1450	R90≤30%	3000	Y280S-4/75kW	YOX450	500~800	100~130	140

1994年申请,以"惯性分离式粉粒分燃传输机"命名的ZL94240583.8号专利(CN2195043Y),如图4-4所示。煤由入煤口4落至滚筒6上,再由滚筒6将煤播送至惯性抛分溜板8,煤中细粒落至细煤仓11,再经倾斜输送管12进入风扇磨21。粗煤粒则落至炉排上燃烧。滚筒6的上方,有密封装置3和弹簧式煤挡板5。若有少量颗粒略大于规定粒度的块煤,可通过煤挡板5而不致卡住。大块通过后,由于弹簧的压力使煤挡板5复位。细煤量可由调节旋板9调节。倾斜输送管的一端有高压热风嘴20喷热风将细煤输送至风扇磨21,细煤磨成煤粉后,经细粉箱22由燃烧器23喷至炉内燃烧。这种装置拆除煤闸门,使落于炉排上的煤层松散;能调节入风扇磨的细粉量。但系统较复杂,鲜有使用。

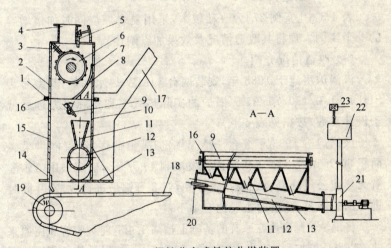

图4-4 惯性分离式粉粒分燃装置

1—法兰;2—前板;3—密封装置;4—入煤口;5—弹簧式煤挡板;6—滚筒;
7—后板;8—惯性抛分溜板;9—细煤量调节旋板;10—后板;11—细煤仓;
12—倾斜输送管;13—托砖板;14—密封胶带;15—细煤传输机前板;
16—法兰;17—前拱;18—炉排;19—炉排主动轴;
20—高压热风嘴;21—风扇磨;22—细粉箱;23—燃烧器

49

4.3 复合燃烧技术的应用效果

4.3.1 采用煤粉复合燃烧前后的对比

复合燃烧增加了煤粉的燃烧,可以提高出力是必然的,原来达不到额定出力的,采用复合燃烧都可以达到或超过额定出力。在提高出力的同时,可以提高热效率和降低灰渣中可燃物的含量。这是由于采用煤粉复合燃烧后,煤粉在炉膛内悬浮燃烧,有着火容易、燃烧比较完全、煤种适应性好、炉温高等特点。同时也改善了链条炉排上煤层的着火和燃烧条件。

选取测试较完整的8台锅炉采用复合燃烧前后对比的数据列于表4-3。

4.3.2 改造实例

表4-3中[实例27]为改动较大,采用复合燃烧同时加倍增容的一个实例。现将其改造情况及效果加以阐述。

(1) 改造情况介绍。

该锅炉房建于1988年,安装两台14MW热水锅炉,其型号为SHL14-1.0/130/70-A$_Ⅱ$。锅炉的实际热效率和实际出力远远低于设计参数,数据见表4-4。

该锅炉房1993年2台14MW锅炉满负荷运行,仅能供采暖面积30万m^2,1994年供暖面积发展到40万m^2,确定采用哈尔滨航天热能公司的复合燃烧技术专利,对2号锅炉进行改造,并同时进行锅炉增容,改造的主要内容如下:

将锅炉炉膛高度在原有的基础上抬高1.4m,使炉膛容积由原来的73.08m^3增加到99.68 m^3,增加了26.6 m^3;辐射受热面积增加了25m^2。锅炉上、下炉筒及对流管束结构不变,整体提高1.4m。改造之前,未安装省煤器,而有两级空气预热器。此次改造将两级空气预热器改为单级空气预热器,受热面积由原557m^2,改为523.3m^2,同时增加了两级省煤器。省煤器选用JB2192-79型铸铁省煤器,长度为2500mm,每组4层,每层12根;总受热面积为431m^2。

表 4-3 采用煤粉复合燃烧前、后数据汇总

实例号		炉 型	风煤磨出力 (t/h)	蒸汽量或产热量 改前	蒸汽量或产热量 改后	蒸汽量或产热量 提高	热效率(%) 改前	热效率(%) 改后	热效率(%) 提高	灰渣可燃物(%) 改前	灰渣可燃物(%) 改后	灰渣可燃物(%) 降低
【24】	蒸汽炉	SHL20-13-A$_{\text{III}}$ [1]	3	7~8 t/h	24t/h	16~17 t/h	<60	82	>22	30~40	10以下	20~30
【23】		D-30(D-20改进设计)(上锅)	≈3.5	24t/h	40~50 t/h	21~26 t/h	76	84	8	35~40	20~25	10~20
【25】		UG 3.5/3.82-M$_6$ (即A$_{\text{II}}$)(无锅)	2	23t/h	35~40 t/h	12~17 t/h	—	—	—	—	—	—
【26】		SZL(快装)4.2热水锅炉	—	3.08 MW	4MW	0.92 MW	57	72	15	16.2	12.1	4.1
【27】		SHL14-10/130/70-A$_{\text{II}}$ [2]	2	9.5MW	22.2 MW	12.7 MW	63	81	18	—	—	—
【28】	热水炉	DHL14-13/150/90-A (杭锅)	—	11~12 MW	15~16 MW	3~5 MW	—	—	—	15~20	8	7~12
【29】		SHL14热水锅炉-A$_{\text{III}}$	—	11.9 MW[3]	>14 MW	2.1 MW	65	80~83	15~18	20	15	5
【30】		SHL 29-1.6/150/90-A$_{\text{II}}$	3	9.1 MW[4]	12.6~14 MW	3.5~4.9 MW	56	75~78	19~22	—	15	—
				18.8 MW	29.6 MW	10.8 MW	68.3	80.8	12.5	15.6	11.1	4.5

注：[1] 改前在前拱喷重油引燃；
[2] 改造时炉体加高1.4m，加装省煤器；
[3] 改前燃用A$_{\text{II}}$，改后燃用A$_{\text{II}}$对比；
[4] 改前改后都燃用A$_{\text{I}}$对比。

采用复合燃烧前运行实际情况 表 4-4

参数对比 \ 参数项目	锅炉热效率（%）	锅炉出力（MW）	供水温度（℃）	回水温度（℃）
锅炉设计参数	78	14	130	70
锅炉实际运行参数	60~65	9~10	90~100	50~60

改造前锅炉是自然循环，回水直接进入下炉筒，不仅对流管束与上炉筒形成循环回路外，还由下炉筒分流至前、后及左、右两侧的下联箱，然后经水冷壁管，都回至上炉筒，而形成前、后及左、右水冷壁的四个循环回路。由于水量分配不良，经常发生局部爆管。改造后，将自然循环改为强制循环。回水分左、右两侧分流至左、右两侧的省煤器，由各侧的省煤器分别流至左侧分水管和右侧分水管。各侧的水冷壁下联箱，分别与各侧的分水管相连。下炉筒及前联箱、后联箱，都分别有管道与左、右两侧的分水管连通。前、后、左、右的水冷壁管和对流管束都直接与上炉筒相连。水量分配采用节流孔板调节。

对流受热面为 $413.7 m^2$；炉排面积为 $21.07 m^2$；改前、改后都未变化。锅炉烟、风系统的改造如表 4-5 所示。

烟、风系统改造前后 表 4-5

风机类别	参数	风机型号	风量（m³/h）	风压（Pa）	风道截面（mm×mm）	经济流速（m/s）	电机功率（kW）
送风机	改造前	G4-73-9D	24000	2610	820×580	10~12	30
送风机	改造后	G4-73-10D	45300	3129	1500×580	10~12	55
引风机	改造前	Y5-47-12D	50656	2460	800×600	12~18	75
引风机	改造后	Y4-73-12D	85400	2688	1100×800	12~18	110

增设一套如表 4-2 所示 FM2000 风扇磨煤机，抽烟气输粉的直吹系统。向风扇磨送煤的系统中，设 GML-2SL 型给煤机一台，电机功率为 2kW。

(2) 从改后热平衡测试结果反映出效果显著。(见表 4-6)

改后与改前测试数据的对比　　　　　表 4-6

项　目	单　位	改后数据	改前数据
热 效 率	%	正平衡　81.04 反平衡　80.10	60～65
锅炉出水温度	℃	92	65
锅炉进水温度	℃	56	40
温　差	℃	36	25
循环水量	t/h	543	312
锅炉出力	MW	22.68(1954.8kcal/h)	9～10
排烟温度	℃	160	—

改造全部费用为 95 万元,若装一台 4MW 热水锅炉全部费用需 200 万元,相比较节约资金 105 万元。

(3) 存在问题及改进措施

1) 改造后送风机的风压为 3129Pa,而沿途损失了 2629Pa,达到炉排下的风压为 500Pa,达不到 800Pa 左右的要求。由于风压不足,造成燃料层上表面出现板结。运行实践证明,当煤层厚度达到 140mm 就出现板结,后改为 120mm 才达到正常。因此限制了燃料的投入,影响了锅炉出力。并且送风开度超过 60% 后,空气预热器入口就产生噪声,噪声随着送风开度的加大而增大。

在试运行中对各部位的烟气阻力也作了测试,Ⅰ级Ⅱ级省煤器及除尘器的阻力损失都较正常,惟有空气预热器的阻力损失过大,达 1150Pa,造成引风机风压不足,容易产生正压燃烧和增加电机的无功损耗。

空气预热器的烟、风阻力都过大,充分说明空气预热器的空气侧和烟气侧的流通截面过小,这是今后应改进的。

2) 改造后结渣现象比较严重。在前拱的拱弯以下结 200mm 左右厚的硬渣,在拱弯上部结垢较松软,厚度达 100～200mm,将前墙水冷壁管全部遮蔽。在风扇磨煤机的抽烟气口也结渣严重,常将抽烟管堵塞,要人工疏通。

所用煤的灰熔点偏低是其内在因素,但炉内空气动力场组织不良,凡是高温煤粉冲刷到的水冷壁上就会结渣;抽烟口置于炉前部含尘量最大的部位,都是外在因素。改进的措施可采用提高二次风的风压,将高温火焰与水冷壁管隔离,使火焰不直接与炉墙和水冷壁接触。风扇磨煤机的抽烟口向炉侧后移。

3) 采用调压板对各水循环环路的水力工况进行调控,灵敏性不够,各环路水量分配不均,造成温度偏差也较大。实测温度偏差在 25℃ 左右,超过偏差在 10℃ 之内的规定。以后应将调压板改成手动调节阀。

4) 风扇磨煤机由铸铁制成的冲击板、衬板等易磨损,连续使用 700h 就要更换一次。应如 4.4 节(1)所述改用合金钢。

4.4 采用复合燃烧应注意的问题

(1) 注意风扇磨冲击板的材质及寿命

风扇磨冲击板磨损严重,使用周期短,维修工作量大,成为风扇磨的一个突出问题。早期冲击板用 Mn13,使用寿命不超过 500h;最近改用 $ZJ50Mn_2$,或高锰合金(ZGMn13CrMoVTIRE),其寿命已达 1000~1200h。冲击板的寿命与煤的可磨指数、矿物硫的含量和粗粉分离器返回粗粉的量有关。设计系统时,要注意冲击板和衬瓦的材料和煤质。

(2) 要注意排尘浓度的增高和飞灰的磨损

采用复合燃烧后,锅炉原始排尘浓度增高很多,对环保有一定的影响。因此,要相应地改善除尘装置,提高除尘效率。并且也应考虑飞灰的增加,会加剧对锅炉管子的磨损。

(3) 要复核炉室容积

层燃炉和室燃炉的炉室容积热强度 q_V 不相同,链条炉 $q_V=290\sim500 \mathrm{kW/(m^3 \cdot h)}$,而煤粉炉 $q_V=140\sim240 \mathrm{kW/(m^3 \cdot h)}$,两者相差较多。所以,采用复合燃烧时,要按风扇磨的容量和喷煤粉量,对炉室容积进行复核,或按炉室容积来确定风扇磨的容量和喷煤粉量。

(4) 煤粉燃烧器的二次风要用预热空气

一般风扇磨制粉系统内的气体,可抽用热烟气,但燃烧器出口的二次风需要用预热空气,否则煤粉着火、燃烧不易稳定。

(5) 上煤系统中要装有磁分离器

为了防止煤中混有金属物块,进入风扇磨使风扇磨受磨损而出现事故。因此,在上煤系统中要装磁分离器将煤中金属物块分离。

(6) 要适当调整运行方式

采用复合燃烧后,运行方式也要做适当的调整,例如:应遵守先启动炉排,当炉排运行正常,燃烧器出口处有明火时,方可启动风扇磨向炉内喷煤粉,否则易发生灭火或爆燃事故;链条炉排的着火线应控制在距煤闸板 0.3m 左右;在除渣板(老鹰铁)处不得堆积灰渣,在除渣板前 0.3~0.5m 处就燃烧完毕;风扇磨投入运行后,炉排上煤层不宜太厚,通风量应适当减少,炉排速度不宜太快并尽量固定不变等。

4.5 采用分层燃烧和复合燃烧技术几个问题的探讨

4.5.1 关于数据可靠性的问题

数据的收集是进行可行性论证前必须进行的工作,数据正确与否、是否可靠又是影响论证结论正确与否的前提。常见到有些数据有夸大之嫌,有些数据明显不合理、不可信。

例如:

(1) 某锅炉房[实例 31]KZL 4-13 锅炉的数据,采用燃烧技术前、后热效率的对比为:采用前为 62%,采用后竟达 81.1%。

(2) 表 3-1 中[实例 12]的 20t/h 锅炉,采用分层燃烧前出力为 15t/h,引风机电流为 160A,采用分层燃烧后出力达 22.23t/h,

烟气流动阻力及烟气量都增大,引风机及其电动机都未变动,也未采用任何节电措施,而引风机电流却降至110A。

(3) 表3-1中[实例11]的锅炉,如表3-1所注:采用分层燃烧后热平衡测试时负荷为20t/h,资料却扩大为22t/h。

(4) 表4-3中[实例27]的原14MW的热水锅炉采用复合燃烧技术出力达到22.2MW,增容后节约了投资。经营推广单位的资料可节约投资250万元,使用单位自己的资料为节约105万元,相差悬殊。

(5) 在上述[实例27],哈尔滨航天热能公司的资料中,给出改造前、后的实际耗电量的比较,如表4-7所示,结论是"节电率高达32%"。

改前与改后耗电量及用电单耗的对比　　　　表4-7

序号	项目	单位	改造前	改造后
1	出力	kcal/h	800×10^4	1900×10^4
2	送风机耗电量	kWh/h	21	40.2
3	引风机耗电量	kWh/h	52	80.5
4	风扇磨煤机耗电量	kWh/h	—	32.2
5	耗电量小计	kWh/h	105	152.9
6	用电单耗	$kWh/10^6 kcal$	13	8.74

以上统计的数值,改后耗电量的计算,仅计入送风机和引风机的实际耗电量,及采用风扇磨系统后增加的耗电量。却遗漏了锅炉从自然循环改为强制循环、水流量由312t/h增加为543t/h,以及加装省煤器这三项而增加的耗电量。若将这三项增加的耗电量也计入,可能并不省电。

综上所述足以说明,对取得的数据必须进行分析研究,判断其是否可信。

4.5.2　必须具体分析,对症下药,避免盲目采用

分层燃烧和复合燃烧都是较实用和较成熟的技术,能取得较好的效果,应予以肯定,但并非每台现有的锅炉都适用。采用是否经济有效,要做具体分析。在采用前必须对出力不足,热效率低的原因进行具体分析,找出原因所在,对症下药。若不具体分析而盲目采用,可能失败。下面列举两个实例予以说明。

(1) 表4-3中[实例23]的锅炉,是早期由D-20锅炉改造的D-30锅炉,其炉排有效面积仅有26.3m^2,达不到每小时产30t/h蒸汽的要求。由于炉排面积太小,而出力不足,采用煤粉复合燃烧,弥补了其缺陷,十分有利。

(2) 表3-1中[实例11]为某厂的3号炉,该厂4台20t/h的蒸汽锅炉由三家锅炉厂生产。其中4号炉的蒸发受热面为487m^2。若按每m^2的蒸发率为40kg/h估算,额定蒸发量为19.48t/h,实测可达到20t/h。而3号炉由另一锅炉厂生产,设计时考虑有适应燃用挥发分偏少的煤的可能性,将蒸发受热面减少而多增加了一组空气预热器以提高预热空气温度,促进煤的着火。蒸发受热面为378m^2,估算蒸发量仅可达15.12t/h。显然其出力不足原因是蒸发受热面不够,而空气预热器受热面过大,造成预热空气温度超过200℃易烧坏炉排片。这就应从增加蒸发受热面入手,不宜采用分层燃烧。该锅炉房未具体分析就采用分层燃烧。由于强化燃烧虽然使出力提高,但锅炉各部位的烟气温度都超过设计温度,预热空气温度也提高,致使炉排片大量烧坏而无法运行。后拆除一组空气预热器,在拆除的部位增加了对流受热面,出力提高了,炉排片不易烧坏,运行良好。

4.5.3 锅炉已达额定出力及新装锅炉是否采用的问题

锅炉采用分层燃烧及复合燃烧后,出力都可以有所提高,但锅炉不应长时期超负荷运行。对于已达到额定出力的锅炉,若采用这两种技术后,仍按额定出力运行,其效益仅表现为热效率的提高,一般说来,经济效益很低,甚至得不偿失,故不主张采用。表4-3中[实例30]的单位,其锅炉出力和热效率低的主要原因是漏风,特别是炉排尾部无水封而造成的。该单位先采用复合燃烧达到了提高出力的目的,后来又堵漏风、加水封。堵漏风以后,不启动风扇磨也可达到额定出力。因此,复合燃烧装置一般都不使用,仅在尖峰负荷时偶尔使用,其经济效益就不会提高。

有些单位,新建立锅炉,尚未投运在施工安装时就先加装了分层燃烧装置,认为可以"锦上添花"。其实不然,新锅炉若煤种合适一般不应达不到额定出力。若锅炉尚未验收试运就先装分层燃烧装置,这就有可能是多余,造成不必要的增加投资,有时还会带来负效应。第3.4节中列举的[实例21],锅炉用煤的种类为A_{II},符合要求,新炉就先加装分层燃烧装置,运行后不仅由于无空气预热器而灰渣中含碳量高外,还发生炉排上着火线前移,煤至炉排2/3长度时已不见红火,后部形成灰层,大量空气漏入。按设计推算过剩空气系数$α$应为2.3的部位。实测$α=2.6$。

4.5.4 是否同时扩容问题

改造同时是否需要扩容应该慎重。采用分层燃烧难以扩容;采用复合燃烧若考虑扩容,则必定要增加风扇磨的容量和喷煤粉量,这就使炉室容积不够的矛盾加深。为了扩容还要增加受热面,改造的工作量很大,工期延长,投资加剧。表4-3中[实例27]的锅炉,加装复合燃烧装置的同时考虑扩容。不仅加装容量为2t/h的风扇磨煤机;送风机由G4-73-11-9D改为G4-73-12-10D;引风机由Y5-17-11-12D改为Y4-73-12-12D。而且将炉膛高度抬高1.4m,使炉室容积由81.1m³增加为99.68m³,辐射受热面由69.51m²增加为75.95m²;空气预热器的受热面由557m²压缩为523.3m²,加装431m²的省煤器受热面;并将锅炉的水循环由自然循环改为强制循环。自行扩容在施工和设计力量上都不如锅炉制造厂,容易产生缺陷或后遗症,有时还不一定经济,故一般不主张扩容。当然,由于受土地限制需要增容却又无法增设锅炉的情况,则另当别论。

4.5.5 关于强制采用问题

有个别地方用行政命令的方式,指令辖区内凡容量为10t/h(或7MW)以上的正转链条锅炉,一律要加装分层燃烧。具体管理也是经营单位,则进一步发挥,6t/h甚至4t/h以下的锅炉也要采用分层燃烧。这样以行政命令来强制采用是不妥当的,常会带来盲目性,技术上不合理或不经济。不少新建锅炉施工安装时就加装分层燃烧装置,可能也是强制采用的后果。

主要参考文献

1. 国营红旗机械厂七四车间技术室.30 吨/时链条炉排锅炉采用二级燃烧的初步认识.工业锅炉技术,1976 第 2 期
2. 解鲁生.链条炉排分层燃烧及煤粉复合燃烧技术应用的探讨.建筑热能与通风空调,1999 第 1 期
3. 哈尔滨航天热能公司,链条锅炉加煤粉复合燃烧技术,1995
4. 杜兴保.复合燃烧技术在链条炉改造的应用.区域供热,1998.4
5. 魏秀山,段长祥,于长金,韩平.层燃锅炉加装煤粉复合燃烧应用与探讨,1997
6. ZL92201886.3(CN2129378Y)专利说明书,专利名称:链条炉排加煤复合燃烧锅炉
7. ZL94240583.8(CN2195043Y)专利说明书,专利名称:惯性分离式粒粉分燃传输机

第五章 固硫型煤及循环流化床锅炉脱硫

5.1 固硫型煤

5.1.1 固硫型煤的成型方式

加入固硫剂的型煤称为固硫型煤,它使燃烧过程中产生的 SO_2 与固硫剂作用,生成硫酸盐而被固定在灰渣中,从而减少 SO_2 的排放量。固硫型煤成型方式,常见的有:

(1) 圆盘造粒——型煤呈圆球形,除加固硫剂外还要加胶粘剂,强度由胶粘剂保证,质地疏松,便于燃烧。

(2) 螺杆挤压——型煤成细条状或蜂窝状,也要加胶粘剂。

上述两种成型方法,设备结构及成型操作都较简单,但生产率低,需用性能状况优良的胶粘剂。工业型煤很少用。

(3) 双辊成型——锅炉燃用的固硫型煤多采用这种方式炉前成型。它又分为粘结成型和热压成型。料煤经筛分后,按规定的比例进行配煤,经粉碎、混合后,再加入固硫剂和胶粘剂一起混合均匀,最后经机械挤压成型。

料煤粒度的配比,对型煤的强度和脱硫率都有影响。粒度越小,制成型煤的内表面积越大,但相应地煤粒间的孔隙也越小。在无胶粘剂压挤成型工艺,粒度<25mm,其中粗大颗粒占一定比例时,型煤强度较高;在无胶粘剂成型时,0~3mm 的粒径分布对提高型煤强度有利,当 1~3mm 颗粒占 1/4 时强度最高。

成型参数的选择也很重要,例如:对辊尺寸及辊间隙;型窝的形状及大小(型煤单重);成型压力、成型转速等都对型煤强度、成型率、产量及成型功率等有关。成型压力的大小首先要满足机械强度的要求。试验研究表明,当成型压力达到 25MPa 时,再提高成型压力,对型煤强度的提高作用甚微。过高的成型压力会使煤粉碎,孔隙变小,减少反应有效内表面积,导致型煤烧不透。

利用料煤中的沥青质,腐殖酸和煤焦油的粘结作用,实现煤的成型常需在高压(100~200MPa),并借助于一定的温度使粘结物析出而成型,称为热压成型。它不用胶粘剂和水而干成型。

一些不适合高压干成型的煤种,若加入含有纤维状态的生物质,称为"生物固硫型煤",可以借助于生物质的网络作用而采用冷态成型。

5.1.2 固硫剂

常用的固硫剂可分为钙系、钠系及其他金属氧化物三大类,如表 5-1 所示。

固硫型煤常用固硫剂 表 5-1

固硫剂分类		固硫剂分子式
钙系	金属氧化物	CaO、MgO
	氢氧化物	$Ca(OH)_2$、$Mg(OH)_2$
	盐类	$CaCO_3$、$MgCO_3$
钠系	氢氧化物	$NaOH$、KOH
	盐类	Na_2CO_3、K_2CO_3
其他金属氧化物		MnO_2、Fe_2O_3、SiO_2、Al_2O_3

钙系固硫剂因来源广,易于取得,价格较低,故为国内、外最常用的燃煤固硫剂,一般都用石灰石($CaCO_3$)或消石灰[$Ca(OH)_2$]。在燃烧过程中主要的反应为:

(1) 固硫剂热分解被煅烧成 CaO:

$$CaCO_3 = CaO + CO_2 \uparrow$$
$$Ca(OH)_2 = CaO + H_2O$$

(2) 固硫的合成反应:

$$CaO + SO_2 = CaSO_3$$
$$Ca(OH)_2 + SO_2 = CaSO_3 + H_2O$$

(3) 中间产物的氧化或歧化反应：
$$2CaSO_3 + O_2 = 2CaSO_4$$
$$4CaSO_3 = CaS + 3CaSO_4$$

(4) 温度很高(达 1000℃ 以上)时，$CaSO_3$ 和 $CaSO_4$ 会产生热分解反应：
$$CaSO_3 = CaO + SO_2$$
$$CaSO_4 = CaO + SO_2 + O$$

反应式中生成的 O 又与还原性物质 CO 和 H_2 反应。

$CaSO_3$ 和 $CaSO_4$ 热分解温度分别为 1040℃ 及 1320℃。但还原性气氛中，他们的热稳定性更差，热分解温度更低。纯 $CaSO_4$ 在 1100℃ 就有 SO_2 放出，在 1200℃ 可达峰值温度。在层燃炉中实际上总存在高温和弱还原性气氛，因而燃烧过程中往往是固硫的合成反应和热分解反应同时存在。炉温越高热分解反应越强烈，而使脱硫率下降。因此炉温为 800~950℃ 时脱硫最佳。这也是层燃炉采用固硫型煤比循环流化床锅炉脱硫率低的重要原因。

若用大理石($CaCO_3$ 及 $MgCO_3$)为固硫剂，$MgCO_3$ 与 $CaCO_3$ 有相同的上述各种反应。固硫剂还常用电石渣，其主要成分为 $Ca(OH)_2$ 和 CaO。$Ca(OH)_2$ 比 CaO 或 $CaCO_3$ 的固硫效果都好一些。

影响脱硫率的因素还很多，例如：固硫剂的用量(钙系常用"钙硫比"表示)；固硫剂的粒度；原煤的含硫量等。这些方面的规律与循环流化床燃烧相同，将于 5.4.3 节中阐述。

5.1.3 胶粘剂

型煤常用的胶粘剂可分为有机、无机和复合三大类，固硫煤常用的胶粘剂如表 5-2 所示：

固硫型煤低压成型所需的胶粘剂，宜用有机类胶粘剂以提高其反应活性，利用有机成分的热解气化改善孔结构。廉价的有机胶废弃物，通常含有钠盐、有机渣或硝化物等活性物质，在低温燃烧阶段具有良好的活化作用。如造纸黑液(含木质素和腐殖酸钠)作为胶粘剂，添加量约为 10%，在 850℃ 时型煤反应活性提高

17%。将6%～14%的黏土和同量的纸浆液混合,也被认为是较好的胶粘剂。如前所说"生物固硫型煤"用破碎后的稻草纤维作为胶粘剂,来源广、价格低廉、强度高、易着火。

固硫型煤常用胶粘剂　　　　　　　　表 5-2

胶粘剂分类		胶粘剂名称
有机	疏水性	煤焦油沥青、石油沥青
	亲水性	纸浆废液、糠醛废液、酿酒废液、制糖废液
无机	不溶性	水泥、石灰、各类黏土
	水溶性	水玻璃等
复合胶粘剂		黏土—纸浆废液、水玻璃—黏土、水玻璃—水泥

5.1.4　添加活性剂的采用

有些单位通过在固硫型煤中添加少量活性剂进一步提高型煤的燃烧性能,起助燃剂的作用,对燃烧固硫也起一定的促进作用。活性剂的添加量很少,一般约为 0.1% 左右。

型煤固硫和流化床锅炉脱硫试验都表明,钙系固硫剂在 850℃左右,固硫效果最好。在 850℃之前要吸热进行固硫剂热分解和合成反应,其反应速度随温度的升高而提高,约在 680℃之后合成速率才能与 SO_2 释放速率持平。利用添加剂有效地提高钙系固硫剂的低温反应活性有利于固硫。同时加入添加剂也能提高煤中碱性物质的固硫功效。实验研究表明:铁、镁、锰、锌、铜等多种金属氧化物,都能提高钙系固硫剂的低温反应活性。

增加固硫剂,加大"钙硫比",将产生过量的 CaO,增加了 $CaSO_3$ 及 $CaSO_4$ 的热分解反应的逆向反应速度,而抑制了 $CaSO_3$ 及 $CaSO_4$ 的热分解和 SO_2 的产生。CaO 过量越多,抑制热分解越强烈,固硫效果也越好。此外,铬、锶、钡等金属的氧化物的加入,也可以显著提高 1100～1300℃ 温度段的燃烧固硫率。

5.2 链条炉排采用炉前型煤的实例

5.2.1 采用炉前型煤的原因

某供热单位[实例 32]在链条炉排上燃用当地挥发份低(仅 12%～16%)和细煤与煤末含量高(粒径 $\phi<6mm$ 的占 70% 左右)的煤时,由于细煤与大块煤混杂,煤层薄厚不匀,炉排漏煤量大,通风不畅,造成空气分布不均,排烟含尘量高,炉温较低,锅炉达不到额定出力,燃烧效率低。采用分层燃烧后,虽起一定分层作用,但由于细煤含量太大,效果仍不显著。上层细末煤太多,锅炉通风不良,漏煤量大,锅炉热效率低,排烟含尘量高等问题仍未得到解决,针对这些问题先后在 10t/h 蒸汽锅炉,20t/h 蒸汽锅炉,及 29MW 热水锅炉上都装了炉前成型的型煤机,采用型煤燃烧都取得了良好的效果。

由于原煤中含硫量低,采用型煤燃烧时未考虑加固硫剂进行脱硫。但是其炉前制成型煤的机构仍可参考。若取消分层燃烧装置,煤全部经粉碎,加入固硫剂,通过型煤轧辊,就成为固硫型煤。因此,将此单位的实例加以介绍,以供参考。

5.2.2 型煤燃烧的工作原理及其装置

图 5-1 所示,即为该单位 10t/h 锅炉[实例 32]型煤燃烧装置。在煤斗 1 中,装有隔板 2,给煤滚筒 3 及筛板 5,都为分层燃烧装置的部件。煤由煤斗经隔板、给煤滚筒落至筛板。筛板倾角 $\geqslant 45°$,由纵向间距约 30mm 布置的 160 根直径为 16mm,长 650mm 的钢筋组成。煤经筛板分层,将 $\phi 12$ 以上的块煤落至链条炉排 7 上,$\phi 12$ 以下的细煤通过筛板落至型煤双轧辊 6 上。

型煤双扎辊由两根 $\phi 200$ 长 2700mm 的实心钢件组成,钢件上布置了许多椭圆形小槽,两个轧辊都如图中箭头所示向内旋转。细煤经双轧辊机械成型为 13mm×25mm 的椭圆形煤球,均匀地落在炉排上的块煤之上。两轧辊一主一从,主动轧辊由电动机及减速机带动。锅炉负荷变化时,不仅可以调节煤量和炉排速度,而

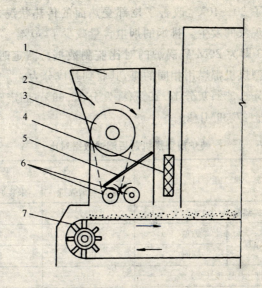

图 5-1 型煤燃烧装置
1—煤斗；2—隔板；3—给煤滚筒；4—煤闸板；5—筛板；
6—型煤双轧辊；7—链条炉排

且还可以利用无级调速装置调节轧辊的运转速度。

20t/h 及 29MW 的锅炉，为了避免轧辊过长，引起直径的增大，造成加工难度大、成本高，及炉前安装尺寸不够等问题，将轧辊分为两段，中间设有约 200mm 宽的支撑点，采用滚动轴承支撑。在支撑点的部位专门设有倾角为 50°的溜煤道，避免在中间支撑对应的部位，炉排上无煤。主机由两根 $\phi 325$ 的实心轧辊组成。给煤滚筒也改为 $\phi 325 \times 10$ 的钢管，纵向均布 12 道高 80mm、厚 10mm 的钢板组成一个叶轮式圆筒。

5.2.3 使用的效果

型煤机的成型率高达 95% 以上。采用型煤燃烧后效果显著，锅炉的燃烧工况有了极大的改善，很容易调节，燃烧工况稳定。锅炉出力可达到 110%，比未装型煤机前提高 20%，锅炉热效率提高了约 8%～10%，炉膛温度提高 50～150℃，相应尾部受热面烟气温度提高了 30~40℃，改善了尾部受热面的传热状况；减少了烟气中结露现象的发生。排烟的烟尘含量减少了 50%~75%。

表 5-3 即为 29MW 锅炉的对比监测数据。测定时加装型煤机和未装型煤机都燃用相同的煤，其收到基成分为：

全水分 6.3%；灰分 14.19%；挥发分 12.69%；固定碳 66.82%；低位发热量 27.39MJ/kg。

装炉前型煤机前后测试数据对比　　　　表 5-3

测试项目		测试结果	
		装炉前型煤机	未装炉前型煤机
热效率(%)		80.7	74.0
炉体外表温度	炉顶(℃)	32.8	29.1
	侧面(℃)	45.0	52.1
排烟温度(℃)		137	102
排烟	氧含量(%)	9.4	12.8
	二氧化碳含量(%)	10.2	7.2
	一氧化碳含量(%)	17	141
	其他可燃气体含量(%)	0.00	0.00
	过剩空气系数	1.8	2.5
渣	灰分(%)（干燥基）	80.32	52.58
	挥发分(%)（干燥基）	1.96	7.12
	固定碳(%)（干燥基）	17.72	40.3
灰	灰分(%)（干燥基）	97.09	83.27
	挥发分(%)（干燥基）	1.56	3.54
	固定碳(%)（干燥基）	1.35	13.19

5.3　生物固硫型煤技术及应用

5.3.1　生物固硫型煤技术的发展

生物固硫型煤，在 5.1.1 节中已述及，它是含有纤维状的生物质,干式冷态成型煤。生物质不仅起到粘结作用,而且有助燃作用,它进入炉膛后,由于炉膛的高温辐射,生物质首先燃烧,型煤表面形成蜂窝状,使氧能够逐渐进入型煤内部,同时增大了燃烧面积,加快了燃烧速度,使燃烧充分而完全。

生物固硫型煤技术最早始于日本,1999年鞍山市热力公司从日本引进了这项技术及成型机、混合机、生物质粉碎机等主要设备,同年建成了国内第一条生产1万吨生物固硫煤的示范生产线。

生物固硫型煤呈 $37mm \times 21mm \times 13mm$ 椭球型,它属于干式生产工艺,原料干度必须达到煤质含水小于4%,生物质含水小于7%。它在工业锅炉中燃烧效果很好,炉渣含碳量可达8%~10%,同时通过加入消烟固硫剂,还有较好的消烟、固硫效果(脱硫率最高可达71.9%)。

日本的生物固硫型煤都采用中质动力煤为生产原料,再加上加工费其成本很高。鞍山市热力总公司和鞍山市焦耐院采用配煤技术,利用煤泥、煤粉、无烟煤等低质原料进行混配。配煤工作的难点是既要考虑到煤质特性,又要考虑其储量。不是所有煤种都能成型,既要考虑其成型,更要求型煤能达到:高热值、易点燃、不结焦、火焰较长、烟尘量较低。经过约两年上百次的配方调整及生产试烧,已确定了几种较好的配方,可生产出各项指标达到Ⅱ类烟煤标准的型煤,已将原料成本下降约50%。并于2001年6月进行了成果鉴定。

要进一步降低成本及价格,使能更广泛地被采用,必须扩大生产规模;只有这样才能具有盈利的能力,促进生产的发展。大规模生产对生物质进行干燥、粉碎、和型煤成型机等设备的研制,以及如何降低电耗等问题,尚有待解决。

5.3.2 生物固硫型煤的工艺系统

图5-2为生物质固硫型煤的生产工艺流程图。从图中可以看出,其生产工艺包括三个系统:

(1)原料处理系统:由受贮煤、配煤、干燥、粉碎等工艺组成。原料煤进场后,卸至贮煤场,各种原料煤经配合后进行干燥。配合

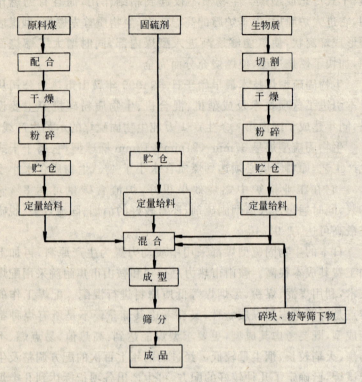

图 5-2 生物质固硫型煤的生产工艺流程图

后的煤进入干燥机时的水分≤10%,干燥后水分≤4%;干煤送至碎煤机,将煤粉碎到近100%都达到3mm;粉碎后的干煤粉由密闭的输送机送到成型系统的配料斗上。

(2) 生物质处理系统:由生物质堆贮场及烘干、粉碎等工艺组成。将稻草切割到长≤30mm,烘干,水分由17%降到7%以下;然后再粉碎到近100%都达到≤3mm,由气力输送将其输送到成型系统的生物质仓中。

(3) 成型系统:由配料、混合、成型、筛分等工艺和成品库组成。制备好的原料煤,生物质及外来的固硫剂,都分仓分别贮存。仓下设定量给料装置,将三种物料按比例配合,经混合后予以成型。成型后的型煤进行筛分,筛下的碎型煤则返回系统重新成型,成型煤进入成品库贮存。该单位年产1万吨型煤的生产线中成型机是由日本引进的对辊式高压成型机,线压力最高可达 $8t/cm^2$;将生物质粉碎到3mm以下的木质粉碎机,其原理与风扇式磨煤机相似。上述这些设备目前国内尚无制造厂家。

　　上述工艺系统,没采用添加剂,若采用添加剂,则要先将固硫剂及添加剂都计量混合,然后再将混合后的固硫剂与添加剂的混合体与制备好的原料煤和生物质一并混合。

　　上述型煤生产单位采用石灰石粉为固硫剂,生物质选用稻草,这是因为一则稻草的收购价格较低;二则稻草具有较大的储备量,一般生物质在型煤中的重量比为15%左右,大规模生产时,生物质的需求量也较大,因此必须考虑所采用的生物质的来源有保障。生物质的采用要因地制宜,还有很多种类的植物纤维都可以作为生物质,例如日本就采用玉米秆。

　　清华大学提出"二级混合"的工艺,其特点是:固硫剂和添加剂混合后的混合体,先与制备好的煤粉混合,然后再与制备好的生物质混合,这称为"二级混合",最后成型。认为这种工艺有型轮直径小,成型压力可以降低,物料粒度及水分要求可以降低等优点。

5.4　流化床锅炉燃烧中脱硫问题

5.4.1　流化床锅炉的发展状况

　　若将料层放在有孔隙的箅板上,从箅板下部,通过箅孔或间隙向料层通入空气,当空气以较低的流速通过空截面的速度(称空截面气流速度)通过料层时,颗粒的重力大于气流推力的情况下,颗粒静止在箅板上,料层不动,称为固定床。燃料在层燃锅炉中燃烧情况就是如此,只有空气相对于颗粒的强烈运动,而颗粒之间没有相对运动,料层厚度不变。

　　若加大风速,料层可能略有膨胀。但当风速超过某一较高值时,料层的稳定性遭到破坏,整个料层被风托起,并且颗粒上下不停的翻腾,这种处于松散沸腾状态的料层成为沸腾床或流化床,开始形成流化床的风速称为沸腾临界速度。

达到临界速度后,再增加风速,至某一风速后,固体颗粒就被风吹走而不是上下翻腾,就形成气力输送。达到气力输送时开始的风速,称为极限风速。风速在临界风速和极限风速之间,都可形成流化床。

流化床的原理在工业上应用很早,1920年开始用于化工工业;1922年用于Winkler煤气发生炉;1940年以后用于石油催化。20世纪60年代以后用于锅炉,当时我国流化床锅炉称为沸腾炉,又称为鼓泡流化床锅炉。沸腾炉的研制在我国取得了显著的成就,处于世界领先的地位。当时是着眼于燃用劣质煤,特别是煤矸石的燃用。煤矸石的发热量很低,仅有4000~5000kJ/kg(约960~1200kcal/kg),除沸腾炉外,其他炉型都无法燃烧。

沸腾炉的飞灰多,而且飞灰中可燃物高,使固体不完全燃烧热损失很大,而造成燃烧热效率很低。但是它对燃料的适应性好,而且沸腾炉的燃烧温度比一般炉子低,约为850~900℃,若向炉内喷入石灰石粉,这个温度对$CaCO_3$的分解和SO_2与CaO的化合最为有利,而且石灰石粉与煤粉纷乱混杂,上下翻腾都对脱硫有利。20世纪70年代北欧和西欧一些国家就利用鼓泡流化炉(沸腾炉)这些特点,研制循环流化床锅炉。所谓循环流化床锅炉就是在锅炉体内装有旋风分离器,从炉膛出来的烟气首先经分离器,使烟气中的固体颗粒收集,并送返炉内再行燃烧,固体颗粒这样循环燃烧,使燃烧效率很高,也就提高了锅炉热效率。同时向炉内加石灰石粉进行燃烧中脱硫。

欧洲的这些国家不产煤,煤源来自各地,煤质差别很大,这些国家研制循环流化床锅炉并不是为了燃用煤矸石,而是利用它对煤种适应性强的特点,和从改善环境出发。第一台20t/h的循环流化床锅炉在芬兰问世,目前德国和芬兰对循环流化床锅炉的技术较为成熟。而北欧和西欧各国开始对循环流化床锅炉的研究和应用,都是建立在我国的沸腾炉的基础上。而我国研制循环流化床锅炉起步较晚,在80年代初才开始。

20世纪80年代末90年代初,欧洲各国又研制出压力式循环流化床锅炉,其炉膛压力为0.6～1.2MPa,它可将燃气直接引入燃气轮机;可进一步提高燃烧热效率;可以缩小炉子的尺寸;烟气中CO含量越低,NO_x生成也越少。但炉膛内各部件都要承受压力,对炉墙的密封性要求很高,在制造上将带来较大的困难。

本节对循环流化床锅炉的各种构造及燃烧技术等问题,不进行论述,以下仅对循环流化床锅炉的特点加以阐述,着重讨论关于循环流化床锅炉的燃烧中脱硫问题。

循环流化床不仅用于锅炉,也用于锅炉的烟气脱硫设备上,这将于第七章论述。

5.4.2 循环流化床锅炉的特点

循环流化床锅炉是当前供热企业常用的一种炉型,它有很多优点,但也存在一些问题,它具有以下优点:

(1) 对燃料有广泛的适用性,几乎可以用任何种类的固体燃料,包括矸石、树皮、油页岩和工业废渣。

(2) 烟气中未燃尽的灰粒,可回收在炉内重新燃烧,故燃烧效率很高,可达95%以上,高于链条炉,接近于煤粉炉。

(3) 对负荷变化的适应性好,在低负荷时可转换为鼓泡流化床用,最低在25%～30%额定负荷下仍可运行。而且负荷调节速率快,操作灵活。

(4) 可采用较小的过剩空气系数,传热效果好,因此锅炉热效率也较高,可达85%以上。并且炉子的热强度高,炉体可以紧凑。

(5) 循环流化床锅炉最主要的优点就是脱硫脱氮的效果好。这是由于料层的燃烧温度低,维持在850～900℃,是$CaCO_3$分解和SO_2与CaO化合的最佳温度;石灰石粉细比表面积大,又是沸腾燃烧,能与SO_2充分接触。由于炉温低,过剩空气系数较小,NO_x生成也就较少,排放量可为$100×10^{-6}$～$200×10^{-6}$。因此,循环流化床燃烧被称为"清洁燃烧技术"。

(6) 循环流化床锅炉固硫后的灰渣除有好的强度外,在制成混凝土时还有补偿收缩或实现微膨胀的功能,可以降低水化热和提高流动性。

但循环流化床也存在以下缺点:

(1) 排尘量大,一般除尘器难以达到环保要求,常需采用电除尘,而增加了锅炉房的初投资。

(2) 将煤破碎为 0~10mm 的细粒,将石灰石磨成 0.1~0.3mm的细粉;采用高压风机及电除尘都要消耗电力。循环流化床锅炉的耗电量较多,约为链条炉的两倍。购买石灰石也要花钱,所以循环流化床锅炉的运行费用也较高。

(3) 循环流化床锅炉烟气中固体颗粒的浓度较高,因此在水冷壁、分离器、面料系统及锅炉内衬都存在严重的磨损问题,尤其是炉内埋管更为显著。磨损问题常成为影响循环流化床锅炉连续运行小时数的主要因素。

(4) 炉墙的严密性要求高,密封性差易形成严重的漏灰、漏风。

为了克服上述的缺点,在循环流化床锅炉上常采用膜式水冷壁而不采用光管水冷壁重型炉墙;炉墙及分离器的内衬采用白刚玉等耐磨材料;在埋管上加装耐磨套管,取消埋管或将埋管由沸腾段改至悬浮段;采用炉内两级分离等措施。

循环流化床锅炉有脱硫作用,常成为优先被采用的原因。一般循环流化床锅炉的说明书都说明其脱硫率达 80%~90% 以上,但是其脱硫率的大小是与很多因素有关(这将于 5.4.3 节阐述)。采用循环流化床锅炉是否不需要再设任何脱硫装置,烟气中 SO_2 的排放浓度就可以达标?这个问题也值得探讨。

城市规定燃用低硫煤,及水煤浆锅炉逐渐被采用后,是否还可以提供采用简单脱硫装置,就可以使烟气 SO_2 排放浓度达标的不同方案?若有其他可行的方案,则应进行不同方案的技术经济比较来选定方案。毕竟循环流化床锅炉在初投资及运行费用上,都比较高。

5.4.3 循环流化床锅炉的脱硫效果

首先明确循环流化床锅炉,必须在煤中加入固硫剂同时燃烧,才会产生脱硫的作用,不要误解为循环流化床锅炉不加固硫剂,设备本身就有脱硫的作用。常用固硫剂为石灰石粉,其脱硫率的大小与以下因素有关:

(1) 钙硫比(Ca/S)

固硫剂所含钙与煤中含硫的摩尔比称为"钙硫比"。所用煤质一定,煤中含硫量也是定值,Ca/S越大就表示固硫剂使用的越多,它是表示固硫剂用量的一个指标。当温度一定时,Ca/S越高,脱硫率也越高,从图5-3的曲线可以看出。

脱硫率随Ca/S增高而提高的原因在5.4.2节中已叙述。

但是Ca/S越高,石灰石粉的利用率越低,残留的CaO越多而不经济。一般认为Ca/S为1.5或2时较为经济,而我国采用Ca/S=2的较多。

(2) 燃烧温度

从图5-3可看出,Ca/S一定时,温度与脱硫率的关系。有的试验数据说明认为最佳温度为800~850℃,也有的试验则为850~900℃时最佳,温度过低,合成反应缓慢,温度过高,钙的硫酸盐产生热分解,这在5.1.2节中已阐述。一般循环流化床锅炉的燃烧温度在最佳脱硫范围内,这是它脱硫效率高的一个很主要的因素。

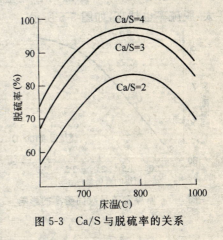

图5-3 Ca/S与脱硫率的关系

(3) 固硫剂的颗粒度及其在炉内停留的时间

石灰石粉颗粒越细,反应的比表面积越大,脱硫率会提高;这从图 5-4 的曲线可以看出。炉内气流速度越低,石灰石粉在炉内停留时间越长,反应越趋于完全,都可提高脱硫率,这很容易理解。但是这两者有矛盾,颗粒越细小,在炉内停留的时间就越短,而且过细的颗粒被扬析出床的固硫剂越多,其利用率就降低。一般认为采用

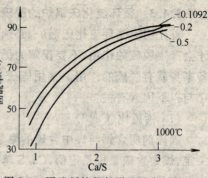

图 5-4　固硫剂粒径与脱硫效率的关系

石灰石粉,其颗度为 0.1～0.3mm 最佳。通常循环流化床锅炉加入炉内石灰石粉过粗的现象较为普遍。有的锅炉房只将石灰石破碎就加入,其脱硫效果必然较差。

（4）原煤含硫量的影响

一定的 Ca/S 下,原煤的含硫量越高,实际固硫剂的用量越大,脱硫率也越高,如图 5-5 所示。

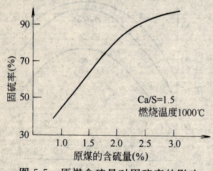

图 5-5　原煤含硫量对固硫率的影响

在煤含硫为 2% 和 Ca/S =1.5,与含硫量为 1.5% 和 Ca/S=2,就固硫剂的实际用量而言是相同的。但是两者固硫剂的钙利用率都不相同。

此外,固硫剂的种类不同,孔隙直径分布不同,脱硫率也不相同。

脱硫率对设备脱硫效率而言,是一个很重要的指标。但是从环保的角度,则更重视 SO_2 的排放浓度和排放量。

5.4.4　SO_2 排放浓度、排放量和脱硫率的关系

环保对 SO_2 排放的要求,是规定其允许的排放浓度,在表 1-3

中已经给出。SO_2 排放浓度的单位为 mg/m^3，即每立方米烟气中含 SO_2 的毫克数。若每小时 SO_2 的排放量（mg/h）一定，燃烧时采用过量空气系数 α 越大，产生烟气的体积也越大，则 SO_2 的排放浓度就越小。因此，标准中规定实测的 SO_2 排放浓度，必须折算为规定 α 值时的排放浓度。燃用不同燃料的 α 折算值如表 1-4 所示。故测定 SO_2 实测排放浓度时必须同时测得其过量空气系数 α 值。

SO_2 排放浓度的规定，主要考虑在大气层靠在地面最近的这一层，即对流层中对人类或动、植物的危害。气流在对流层中不仅有剧烈的水平运动，还有大规模的垂直对流运动，主要的气象变化都发生在这一层，而大气污染现象也主要发生在这一层。但是大气圈共分为五层，在对流层之上，沿高度面上还有平流层、中层（散逸层）、热层（电离层）及外层。平流层中一般无对流运动，而有一个臭氧层。臭氧对太阳光中紫外线有极强烈的吸收作用，吸收了高强度紫外线的 99%，臭氧层就形成了一个阻止紫外线射入的过滤网，为地球的生命提供了天然的保护屏障。为了避免臭氧层的破坏和有害气体的转移，研究大气环境问题，不限于对流层，而涉及到整个大气圈的环境，因而不仅对有害气体的排放浓度有所限制，而且对二氧化碳、二氧化硫等的实际排放量也都予以关注。评定地区的环境质量，也要考虑这些指标。SO_2 的排放量就是分别计算的每燃用 1kg 燃料实际排放 SO_2 的量，与小时、日或年平均燃料消耗量，两者的乘积即为其排放量。

脱硫率是衡量脱硫设备脱硫效率的一个主要指标，它的定义是烟气经过脱硫设备后除去的 SO_2 量占烟气进入脱硫设备前 SO_2 量的比率，或：

$$脱硫率 = \frac{烟气 SO_2 初始排放浓度 - 脱硫后的 SO_2 排放浓度}{烟气 SO_2 初始排放浓度} \times 100(\%)$$

(5-1)

很显然，脱硫率与 SO_2 实际排放浓度及实际排放量有密切关系。若烟气 SO_2 初始排放浓度不变，则脱硫率越高，SO_2 实际排放浓度越低。但 SO_2 实际排放浓度是否可以达标,不仅是取决于脱硫率,初始排放浓度的关系也很大。循环流化床锅炉很难测算其初始排放浓度,而往往都是从煤中含硫量来计算。因此,可以说根据煤中含硫量的不同,其实 SO_2 实际排放浓度要求最低的脱硫率也不相同。同样,SO_2 的实际排放量,更不是单纯取决于脱硫率,它还与燃料消耗量有关。

5.4.5 循环流化床锅炉燃烧中脱硫率的探讨

国内循环流化床锅炉性能说明中几乎一致都指明当 Ca/S 为 1.5 或 2 时,脱硫率为 $80\%\sim90\%$。如 5.4.3 节所述,脱硫率的高低与很多因素有关,其中有些因素与锅炉的构造及性能有关,但也有些因素与运行管理及煤种有关。但在进行锅炉技术设计或可行性研究报告中及环境评价中,都以煤中含硫量计算出的 SO_2 排放浓度,再按 $80\%\sim90\%$ 脱硫率计算出循环流化床锅炉最后的 SO_2 实际排放浓度。但锅炉房建成后,运行中实际脱硫率尚需有实测数据来验证。为此,收集一些工业性测试数据及实验室研究数据列于表 5-4,对脱硫率问题进行探讨。

Ca/S 与脱硫率的关系 表 5-4

测试性质	实例号	钙硫比(Ca/S)	脱硫率(%)	煤中含硫(%)	资料来源(本章参考文献编号)
工业性测试	[33]	2	57	1.41	9.
	[34]	1.7	58	1.5	10.
		2.5	75.7		
	[35]	1.5	45~50		5.
实验室实验测试	[36]	0.5	23	3.6	8.
		1	38		
		2	61		
		3	84		
		4	90		
		5	94		

续表

测试性质	实例号	钙硫比 (Ca/S)	脱硫率 (%)	煤中含硫 (%)	资料来源 (本章参考文献编号)
实验室实验测试	[36]	0.5	19	2.8	8.
		1	37		
		2	63		
		3	85		
		4	92		
		5	97		
	[37]	1	59		3.
		2.5	78		
		4	85		
		5.5	93		

表 5-4 所列均为循环流化床锅炉,向炉内喷干石灰石粉进行燃烧中脱硫,工业或实验室研究的测试实例。其中[实例 33]、[实例 34]及[实例 36]为国内测试数据;[实例 35]及[实例 37]为国外进行测试的数据,其结果绘成曲线图如图 5-6 所示。

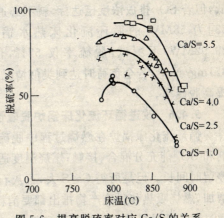

图 5-6 提高脱硫率对应 Ca/S 的关系

虽然收集到的数据不多,但从表 5-4 已大略看出:

(1)所有循环流化床锅炉喷干石灰石粉脱硫,其脱硫率都可以达到 80%～90%,但所需 Ca/S 较大;达 80%时 Ca/S 至少在 3 以上;达 90%或 90%以上时,Ca/S 需在 4～5.5。追求高脱硫率而固硫剂利用率过低则不经济。

（2）若仅喷干石灰粉，而不采用其他措施，而 Ca/S＝1.5～2，要求脱硫率达 80%～90% 比较困难，从实测数据看来一般只能达到 60%～65% 左右。

脱硫率达不到 80%～90% 的原因是多方面的。例如，实际运行中很难把料层温度始终控制在最佳温度。从图 5-3 及图 5-6 可以看出，当温度偏离最佳温度 ±50℃ 时，脱硫率将下降 5%～10%。其他如石灰石粉太粗；在炉内分布不均匀等原因都会使脱硫率降低。

（3）提高脱硫率的措施，不应建立在增大 Ca/S 比上，应当建立在适当的 Ca/S 比下，如何提高固硫剂的利用率。特别是当 Ca/S 大于 2.5 以后，再增大 Ca/S 比而脱硫率增长的幅度很低。

（4）应把脱硫率与实际排放浓度结合起来。虽然脱硫率较低，但若 SO_2 排放浓度已达标，就不必追求提高脱硫率。如［实例33］为 58MW 的循环流化床热水锅炉，在半负荷（29.44～29.92MW）下测试，脱硫率仅 57%，但 SO_2 排放浓度已达到 871mg/Nm^3，若全负荷时达到类似情况，则不必再增大 Ca/S 比来提高脱硫率。

5.4.6 改进循环流化床锅炉脱硫性能的措施

循环流化床锅炉在燃烧过程中脱硫具有其独特的优点：固硫剂和 SO_2 能充分混合、接触；燃烧温度适宜；固硫剂和 SO_2 在炉内停留时间长。但是所需 Ca/S 大，石灰石粉利用率低，使固体废料增加，燃烧吸热和脱硫产物排出都要消耗一定的热量。为此，一般通过以下几种措施来改进其脱硫性能。

（1）固硫剂的预煅烧和再生

钙系固硫剂脱硫首先要加热煅烧成多孔状的 CaO：

$$CaCO_3 = CaO + CO_2$$

煅烧反应必须在 CO_2 分压力和温度在一定的条件下才会发生，而 CaO 的转化率直接影响脱硫的效果。"预煅烧"就是预先创造最佳的条件进行煅烧,使 CaO 的转化率提高,以提高石灰石的脱硫能力。有的锅炉房直接使用 CaO 作为固硫剂,可以提高效率,但运行费增高。

固硫剂的再生,就是把固硫形成的 $CaSO_4$ 在 1100℃ 上,使其与 CO 或 H_2 反应而生成 CaO:

$$CaSO_4 + CO = CaO + CO_2 + SO_2$$
$$CaSO_4 + H_2 = CaO + H_2O + SO_2$$

上述反应称为"一级再生"。

若温度不是在 1100℃ 以上,而是在 870~930℃ 反应,则称为"二级再生",其反应为:

$$CaSO_4 + 4CO = CaS + 4CO_2$$
$$CaSO_4 + 4H_2 = CaS + 4H_2O$$

一旦 CaS 生成,再生反应将迟钝而缓慢,使固硫剂丧失活性。因此,必须保持高的温度,进行一级再生,产生的 CaO 再加以利用。

若固硫剂再生生成了 CaS,则将其氧化使 CaS 分解:

$$CaS + 2O_2 = CaSO_4$$
$$2CaS + 3O_2 = 2CaO + 2SO_2$$

(2) 采用石灰浆或同时向炉内喷水或蒸汽及炉后加温

德国鲁奇(Lurgi)的循环流化床锅炉向炉内喷固硫剂的同时向炉内喷水或蒸汽,在相同脱硫率下比干法可节省 30% 的固硫剂。也就是相同 Ca/S 比的情况下,可提高脱硫率。德国 Wulff 公司的循环流化床锅炉则向炉内直接喷消石灰,以提高脱硫率。有的资料表明(如图 5-7 所示)在 800~1000℃ 之间 Ca(OH)$_2$ 与

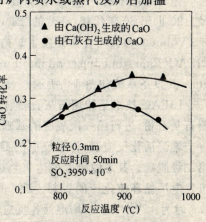

图 5-7 Ca(OH)$_2$ 与 CaCO$_3$ 的 CaO 转化率的对比

石灰石（$CaCO_3$）的 CaO 转化率对比，$Ca(OH)_2$ 的转化率大于 $CaCO_3$，也就是用 $Ca(OH)_2$ 比用 $CaCO_3$ 脱硫率可以提高的原因。当然采用消石灰要制石灰浆，以及需贮存、输送、喷浆等装置，比较复杂。

北欧的 ABB 公司，在压力式循环流化床锅炉上燃料送入炉内的系统就有三种，如图 5-8 所示，即粉煤与固硫剂都是固体，混合后用气力送入炉内；粉煤与固硫剂混合，加水成浆状送入炉内；粉煤加水成浆状送入炉内，而固硫剂为固体另由气力送入炉内。

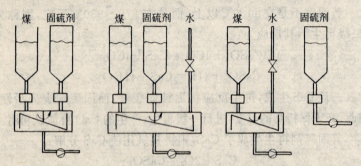

图 5-8　ABB 粉煤与固硫剂送入炉内的系统

循环流化床锅炉采用炉后加湿，是一种提高脱硫率的有效途径。20 世纪 80 年代初，芬兰的 Tampella 动力公司和 IVO（Imatern Voime Oy）公司合作开发了炉内喷钙和氧化钙活化技术——LIFAC（Limestone Injection into Furnace and Activation of Calcium），其设备系统如图 5-9 所示。

LIFAC 技术是使用石灰石喷射的二级脱硫过程，它是在炉内喷石灰石粉，进行第一次脱硫的基础上，在烟气进入除尘器前增加一个增湿活化反应器，将未反应的 CaO 增湿生成 $Ca(OH)_2$ 进行第二级脱硫。其总脱硫率可达 90% 以上。根据其用于芬兰 Lnkoo 市发电厂循环流化床的资料［实例 35］，第一级脱硫率当 Ca/S = 1.5 时为 45%～50%；增湿活化反应器的脱硫率约 45%。

LIFAC 技术不仅用于循环流化床锅炉，也可用于煤粉炉。煤粉炉炉内喷石灰粉的脱硫率可达 20%～30%。若将除尘器收集

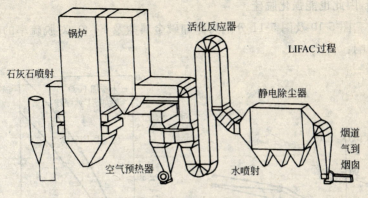

图 5-9 LIFAC 系统

的"脱硫灰"再送入活化器进行脱硫灰再循环,则脱硫率可提高 5%～15%,活化器的脱硫率可高达 60%。

南京下关电厂在 420t/h 切圆燃烧的煤粉炉上,引进了 LIFAC 技术与装置[实例 38],用含硫 0.92% 的淮北煤,石灰石粉粒度为 40μm 占 80%,Ca/S=2.5,总脱硫率≥75%,采用脱硫灰再循环后总脱硫率大于 80%。

美国的 Babcock Wilcox(B&W)公司、Ohio Edisong 公司和 CONSOL.Lnc 公司共同开发的石灰石喷射多级燃烧技术-LIMB 也是炉内喷钙后增湿活化脱硫技术的类似装置。

(3) 添加剂的运用

在固硫剂中添加适量的碱金属如 Na_2CO_3、$NaCl$ 和 K_2CO_3,能强化脱硫效果,原因是它们具有较低的熔点,如 $NaCl$ 为 801℃;Na_2CO_3 为 850℃,K_2CO_3 为 901℃。它们存在于钙系固硫剂的表面,不仅自身会形成熔融状态,而且还会与 CaO、$CaSO_4$ 形成低熔点的液相共熔物,导致 CaO 晶格结构的变化,使 CaO 的孔径变大,孔隙增多,一部分不连通孔变为连通孔,并形成合适的孔径分布。这些改变有利于 SO_2 的扩散,减少 $CaSO_4$ 等脱硫产物的阻挡。不过要注意,添加碱金属盐可能引起高温腐蚀。

若以 Fe_2O_3 为添加剂,由于它对固硫的合成反应起催化作用,因此也能强化脱硫。

图 5-10 及图 5-11 分别为添加碱金属盐及 Fe_2O_3 对脱硫率的影响:

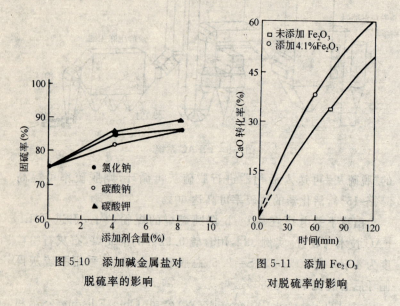

图 5-10 添加碱金属盐对脱硫率的影响

图 5-11 添加 Fe_2O_3 对脱硫率的影响

(4) 开发新型固硫剂

日本、美国的一些公司都在研究开发新型固硫剂。例如日立公司用高铝水泥熟料脱硫;以石灰石和工业废料为原料,制成水硬性固硫剂;以城市或农村废弃物制成的有机钙化合物,称为"生物石灰",它会分解形成表面积很大的"爆米花状"石灰颗粒等。这些新型固硫剂,可以提高脱硫率和钙利用率,有的还同时具有降低 NO_x 排放量的功能。

(5) 采用压力式循环流化床锅炉

压力式循环流化床锅炉的特点在第 5.4.1 节已简述,对脱硫而言由于增高压力引起煅烧平衡温度和孔隙特性等发生变化,可以提高脱硫率。现将 ABB 公司提供设备的三个压力式循环流化床锅炉的脱硫效果列于表 5-5。

压力式循环流化床锅炉脱硫效果实例　　　　表 5-5

实例号	厂名	典型数值			最佳数值		
		排放浓度	脱硫率	Ca/S	排放浓度	脱硫率	Ca/S
[39]	Värtan	$6\sim30\times10^{-6}$ ($6\%\ O_2$)	$94\%\sim99\%$	$2.8\sim3.0$	6×10^{-6} ($6\%\ O_2$)	$>99\%$	2.8
[40]	Tidd	$\approx220\times10^{-6}$ ($6\%\ O_2$)	90%	$1.8\sim2.4$	$\approx220\times10^{-6}$ ($6\%\ O_2$)	90%	1.6
[41]	Escatron	$300\sim450\times10^{-6}$ ($6\%\ O_2$)	$91\%\sim93\%$	$1.8\sim2.1$	150×10^{-6} ($6\%\ O_2$)	97%	2.1

主要参考文献

1. 杜兴保,金爱杰.谈生物固硫型煤技术及应用.全国供热行业"十五"科技发展文集,2002
2. 中原油田管理处.29MW 链条炉排燃煤锅炉炉前型煤机研制开发与应用总结,2001
3. 郝吉明,王书肖,陆永琪编著.燃烧二氧化硫污染控制手册.化学工业出版社:环境科学与工程出版中心,2001
4. 冯俊凯,沈幼庭主编.锅炉原理及计算(第二版).科学出版社,1992
5. Tampella & IVO, LIFAC-The Solution to Emissions, 1988
6. Pressurized Conditions Benefits (ABB Carbon)
7. 解鲁生主编.能源基础管理与经济.冶金出版社,1992
8. 李军(导师:张永照).沸腾燃烧添加石灰石直接脱硫的实验研究.西安交通大学(硕士学位论文),1986
9. 济南市环境保护监测站."02 环(监)字 2000 年第 112 号"测验报告
10. 清华大学煤燃烧国家工程研究中心.热电厂脱硫及灰渣利用实验报告 1999

第六章 锅炉燃用水煤浆技术

6.1 水煤浆在锅炉上的应用

水煤浆是由煤浆燃料的派生演变而来的。20世纪70年代初,以石油为中心的能源危机,造成了世界上很多国家经济危机以后,能源问题引起了全世界的关注,都纷纷采取了能源对策。对策的核心是开展全面节能;稳定石油供应源及增加石油储备;增加能源消费中煤碳的比重而减少石油的比重,提出以煤代油的口号。不仅煤的气化和液化日益重视,而且着手研究采用煤油混烧,采用油煤浆(COM)技术。

日本是能源缺乏的国家,早在1981年开始油煤浆燃料的开发和研究,取得良好的效果。但油煤浆毕竟是以煤代替部分油,由于采用时需要设置较庞大的制粉设备系统和除尘设备,而影响油煤浆的推广应用。日本逐渐由油煤浆的研究扩大到煤水混合,即水煤浆(CWM)燃料的研究,到1995年已广泛应用,随后俄罗斯、意大利等国家都纷纷采用,原苏联在1988年建成了世界上第一个直接燃烧水煤浆的大型示范工程,制浆能力500万吨/年,运输管道260km,发电机组1200MW,已于1991年开始连续运行。从图6-1可以看出,世界各国燃用水煤浆的数量,日本居领先地位。

以后,世界石油市场价格稳定,水煤浆的经济性尚不突出,水煤浆的采用发展不快。但近年来环保意识的加强,特别是SO_2排放浓度的要求提高,以水煤浆代替燃煤和含硫量高的重油效益显著,在经济上也略优于燃用煤粉的锅炉,因而又得以发展。

我国水煤浆的研究与开发,开始于1980～1985年,第六个五

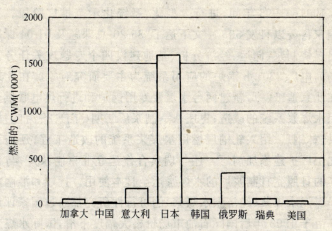

图 6-1 世界各国在 1983~1995 年间锅炉燃用水煤浆的吨位数

年计划期间。此期间内,80 年代初期对油煤浆及中浓度的煤浆管道输送进行研究与开发,并进行水煤浆研究的选题论证;成立了两个攻关组,由国家科委下达合同号为"65-19-7 号",以工业应用试验为内容的课题,进行研究。研究成果在 1986 年进行鉴定,由国家计委、科委、经委和煤炭部等四个部委向国务院提出"关于进一步发展水煤浆技术"的联合报告,经国务院批准以(86)118 号文件下达。该文件中提出水煤浆发展计划的近期目标,是发展水煤浆技术的纲领性文件。

在(86)118 号文件的指引下,1986~1990 年间,进入工业生产、试验阶段,国家科委下达"75-10-7-01-08"水煤浆课题,计委下达示范工程和科研基地建设的计划。确定了工业锅炉、工业窑炉、制浆、添加剂等示范工程。其中工业锅炉示范工程包括两项内容:(1)北京造纸一厂进行 60t/h 燃油锅炉的改造、全部水煤浆产、卸、储、运的工程建设;(2)中科院在北京印染厂 20t/h 烧油锅炉改造工程。还建立三个研究中心:(1)浙江大学水煤浆燃烧研究中心;(2)矿业大学制浆研究中心;(3)唐山煤炭科研分院水煤浆储运研究中心。在此期间北京制浆厂和白杨河电厂进行设计和施工建设。

1991～1995年间,进行大型化、系统化示范推广阶段。1991年国家科委以科发595号文下达了"85-20-总课题及01-04课题",提出燃烧制浆、储运、经济分析、基地建设四个专题攻关任务。以白杨河电厂230t/h锅炉的应用系统为主要研究对象。在此期间还在北京造纸一厂新建两台水煤浆专用锅炉和进行热电联供全厂燃用水煤浆系统的改造;枣庄八一制浆厂二期(年产25万吨)的扩建;桂林钢厂、绍兴轧钢厂燃用水煤浆系统的改造工程;延庆和淮南化工厂扩建添加剂厂。还与瑞典合作建立北京制浆厂;与日本合作的日照充日制浆厂的水煤浆运至日本使用。抚顺和淮南两矿务局煤泥水煤浆(经济型水煤浆)的可行性研究都通过国家评议。

由于1993年后国际石油市场价格大幅度下滑,国际水煤浆推广工作基本停顿,加上国内工程拖期,以及机构和市场机制的变化,"八五"攻关计划只进行验收,而没有达到阶段标准也就未能进行鉴定。

1996～2000年间,水煤浆技术被纳入洁净煤技术计划,进入深化发展阶段。国家计委重新评价了水煤浆技术,并正式纳入国家洁净煤技术计划及制定其生产政策。国家经贸委和计委从资金上和政策上给予支持。国家科委加强了"国家水煤浆工程技术中心",并补充下达"九五"期间水煤浆科技攻关计划。不仅完成了"八五"计划的全部内容,而且将水煤浆技术推向新水平。

2001年召开了全国专题技术会议,全面总结研究开发的成果,说明我国已经掌握了符合我国特点的水煤浆的全套技术,成果已达到国际水平。2001年以前燃用水煤浆的锅炉,不完全统计已有20多台。6t/h以下的小型工业锅炉有:青岛某食品厂(DZS,1t/h);青岛华表实业公司,及青岛中警实业(均为DZS,2t/h);八一煤矿(KZL,4t/h);中南油田(4t/h);青岛西韩纸箱厂(SZS,4t/h);中国矿业大学(DSA,240×10^4kcal/h);山东胜利石油(3MW热水锅炉)等。10t/h～75t/h的低压或中压锅炉有:京西电厂(2台10t/h);山东胜利油田(7MW热水锅炉);北京造纸一厂(20t/h,2台35t/h,60t/h);北京印染厂(NG20/25-400);淄博白杨河电厂(NG35/3.82)等。

由于改善城市环境质量,减少污染,不少城市对工业锅炉限制燃煤,淘汰小型锅炉。这些锅炉房燃用轻柴油或天然气,运行费用过高而难以承受,因此,2002年以来,低压及中压锅炉,特别是小型工业锅炉采用水煤浆为燃料的,发展很快。例如胜利油田2002年已有23台锅炉燃用水煤浆,总容量达350t/h。

发电厂或热电厂,2001年已建的有:北京燕山石化厂(2台220t/h锅炉,一台为燃油锅炉改装;一台专门设计的燃用水煤浆炉);广东汕头万丰热电公司(WGZ220/9.8油炉改造);淄博白杨河电厂(230t/h油炉改造)等。2002年又有一些电厂改用或新设计专用水煤浆,这些锅炉有的已完成设计方案或可行性研究,有的在设计中。例如:广东茂名热电厂(WGZ410/9.8油改水煤浆);广东茂名永昌电力公司(新设计220t/h);青岛开源热力公司后海热电厂(2台130/3.9);黑龙江大庆炼油厂(HGZ130/3.8油改炉;新设计WGZ150/3.8)等。在水煤浆锅炉的设计制造方面,已有1~6t/h小型锅炉的生产厂家及系列产品;杭锅、武锅及济锅等锅炉厂已有工业锅炉及小型热电厂锅炉的设计能力及生产能力。

6.2 燃用水煤浆的特点

水煤浆是煤粉加水和添加剂制成的固液两相的流体。锅炉燃用水煤浆其主要优点是:

(1) 控制污染,环境效益明显。锅炉用水煤浆,一般是以焦煤、肥煤或动力煤,经过洗煤或选煤,除去大量灰分及硫分而生成的精煤为原料。也就是经过燃烧前脱硫处理的煤质。因此,烟气只要采用简单的湿式除尘脱硫一体的装置,就可以使烟尘及SO_2的排放浓度都达到Ⅱ类地区Ⅱ时段的排放标准。而且水煤浆的炉膛温度较低,NO_X的排放也较少。

表6-1给出三台小型水煤浆锅炉烟气排放浓度的实测数据,表6-2给出两台锅炉不同燃烧方式的测试数值。

三台小型水煤浆锅炉烟气含尘量及 SO_2 排放浓度的测定　　　表 6-1

实例号	锅炉型号	脱硫除尘器型号	含尘量(mg/Nm^3) 初始	含尘量(mg/Nm^3) 排放	SO_2 排放 (mg/Nm^3)	林格曼黑度	测试单位及报告编号
[42]	DZS-2	F37 返水湿式	2375.8	89.2	458	1	青岛市环境保护监测站委监字 2001 第 029 号
[43]	DZS-2	FS-2t 翻水湿式	2390	72.3	456	1	山东省环境监测中心站鲁环监（委）字 2001 第 092 号
[44]	SZS-4	XSP-4t 喷淋泡沫	1925	63.5	730	1	山东省环境监测中心站鲁环监（委）字 2001 第 086 号

两台锅炉不同燃烧方式的测试数值　　　表 6-2

实例号	锅炉容量 (t/h)	燃烧方式	锅炉效率 (%)	NO_x	SO_2	含尘量 (mg/Nm^3)	林格曼黑度
[45]	20	油煤混烧	78.36	20×10^{-6}	255×10^{-6}	270	<1 级
[45]	20	水煤浆混烧	77.85	45×10^{-6}	350×10^{-6}	345	<1 级
[46]	60	全烧水煤浆	82.1	80.2 mg/Nm^3	106.4 mg/Nm^3	149(最小) 273(最大)	<1 级

从表中可以看出其排放浓度都可达标。

（2）水煤浆进入炉内水分先蒸发，实际燃烧的是煤粉，因此，其燃烧效率高于算炉。链条炉等算炉改烧水煤浆后，由于燃烧效率的提高，而热效率也随之提高。算炉改烧水煤浆后，燃烧效率及锅炉效率的部分测算数值见表 6-3 所示。以 4t/h 锅炉为例，对燃煤的 8 台 KZL-4 锅炉 15 次正、反热平衡测试的数值平均,其锅炉热效率(以正平衡为准)为 68.8%;对 10 台 SZL-4 锅炉 19 次正、反热平衡的测试数值平均,其锅炉热效率(以正平衡为准)为 67.3%。故 4t/h 的燃煤链条炉测试效率可视为 68%,而表 6-3 所示 4t/h 燃用水煤浆的锅炉,其热效率可达 81%～83%。

算炉改燃用水煤浆的燃烧效率及锅炉效率　　　　表 6-3

实例号	锅炉型号、容量	燃烧效率(%)	锅炉效率(%)	备　注
[44]	SZS-4	—	82.09	60%负荷时
		—	83.5	100%负荷时
		—	83.1	110%负荷时
[47]	KZL-4	98	81	
[48]	4t/h	95	83	
[49]	10t/h	96	86.2	
[46]	20t/h	93～95	80～82.5	
	60t/h	95～98	82 以上	

燃用水煤浆锅炉的热效率已接近煤粉炉,但略低于煤粉炉;尚不如燃油锅炉。但与算炉相比,其效益显著。

(3) 水煤浆的价格较低。有人对水煤浆、重油、天然气单位热值的价格(元/MJ)做了比较:水煤浆(按热值 18837～20908kJ/kg,价格 350 元/t)为 0.0186～0.0197;重油(按热值 40980 kJ/kg,价格 1500～1800 元/t)为 0.0366～0.0439;天然气(按热值 31362 kJ/Nm³,价格 1.7 元/Nm³)为 0.054。显然,水煤浆的价格低于重油及天然气。

也有人按标煤单价对入炉前水煤浆和煤粉的价格进行计算:若不考虑脱硫因素时,水煤浆:煤粉=1.06:1,即水煤浆略贵于煤粉;若考虑脱硫因素时,则水煤浆:煤粉=0.95:1,也就是水煤浆略低于煤粉。

(4) 若水煤浆采用管道输送,主要靠设立泵站,可以像输油一样方便、可靠,占地少,地形适应性强。若用以替代粉煤还有:磨浆为湿磨,温度低,比制粉安全;输送采用无级变速螺杆泵,比煤粉易于调节;含灰分低,排灰量少,锅炉受热面磨损比燃煤粉轻;不需储煤场,占地少等优点。

但是燃用水煤浆也需要一定的条件,首先是要有水煤浆源,并且要有合适的输送条件。若虽有水煤浆厂供应水煤浆,但距离很远,或需用罐车输送,则应考虑增加运输费用后是否经济。"炉前制浆"可以降低水煤浆的输送费用和投资,使运行成本下降。但要投入建立水煤浆制备设施的投资。与煤矿企业合作,就近建水煤浆厂或采用"炉前制浆"是一个经济有效的途径。

采用水煤浆为燃料也会带来一些缺点或问题。例如:代替算炉后,需要增大炉室空间,增加飞灰量及磨损;由于含水分多,在炉内燃烧不如燃油或粉煤有利,代替燃油炉要增加排灰装置;以及储存、输送及燃烧上都有些技术问题尚待解决等。这些技术问题将在 6.5 节至 6.8 节阐述。

6.3 水煤浆的品种及质量指标

水煤浆主要有以下六种品种:

(1) 超低灰精细水煤浆,要求灰分在 $1\%\sim2\%$,细度小于 $10\mu m$,黏度很小。这种水煤浆要采取特殊的方法脱灰,其制备方法较复杂,价格比其他各种水煤浆都高,适用于作为内燃机及燃气轮机的燃料。尚为实验室阶段。

(2) 气化水煤浆,由灰分小于 25% 的原煤制成,粒度较粗(小于 $74\mu m$ 占 60% 左右),已用于德士古炉气化造气用原料及工业窑炉燃料,锅炉一般不用。

(3) 经济型水煤浆,由灰分大于 25% 的浮选尾煤,或为 $15\%\sim25\%$ 的原生煤泥制成,灰分大,煤粉粒度($<1mm$),仅在矿区作为沸腾炉掺烧或用于链条炉排,城市一般不采用。

(4) 精煤水煤浆,是将原煤经洗煤或选煤,除去大量灰分及硫分而成为的精煤为原料制成的水煤浆。原煤采用焦煤或肥煤最为理想。由于原煤成分不同及加工的差异,这种水煤浆的质量也有差别。一般认为质量指标最好为:浓度不小于65%,灰分为6%~10%,硫分不大于0.5%,挥发分不小于35%,平均粒度不大于50μm,黏度为1000~1500厘泊,发热值为17~21MJ/kg。选动力煤时,制成的水煤浆可能个别项目略低于上述指标。选择原煤时,还要考虑煤的可磨性和灰的熔点,对于大多数采用固态排渣的炉子,灰的熔点以高于1250℃为好。在集中供热的锅炉中燃用,首先推荐使用精煤水煤浆。

(5)原煤水煤浆,是采用如神木、大同等某些煤矿的低硫、低灰、高热值的动力煤为原料,由于其硫分及灰分已满足制浆的要求,就不需再经洗煤或选煤,直接用来制浆。原煤水煤浆的质量指标基本与精煤水煤浆相似。

原煤水煤浆的制浆费用明显降低,而且用低阶动力煤替代高阶的焦煤,对能源的使用也很有利,但是也有些问题需要注意。虽然原煤灰分与洗精煤或选精煤的灰分含量相差不多,但未经精选的煤难免含有少量的矸石。洗精煤或选精煤的灰分是均匀地分布在煤粒中,而原煤的灰分很大比例是集中在少量的矸石中。矸石的硬度和密度都远大于煤,比煤难以磨碎,这种未被磨成细粉的矸石颗粒,在水煤浆中很容易沉淀分层,尤其是储罐内静置时,或在管道转弯处,泵进口之前流速很慢的部位,容易沉淀板结或堵塞。在流动过程中也会使泵等设备发生磨损。

再有,洗精煤和选精煤的含水量比较稳定,而原煤的外水分随着存放时间的长短、季节气候及天气晴雨等的影响变化很大,因此原煤的含水量很不稳定,在制浆入磨前必须检测含水量,以调节入磨时的水流量。

(6)环保型水煤浆,就是在制造过程中加入碱性有机废液(如造纸废液)或石灰石粉等固硫剂,以提高脱硫效果。目前仍处于实验室及工业试验阶段。

按美国资料,其试验结果,煤浆加碳酸钙可减少SO_2排放量的50%,但我国某公司[实例50]的220t/h燃油锅炉改烧水煤浆,曾进行了两天燃用环保型水煤浆脱硫试验。采用湿式脱硫法,在水煤浆中直接混合 CaO 纯度为 50.76% 的石灰石。设计加入 5% 石灰石,脱硫率达 50%,实际加入比例达 6.2%,证明加入石灰石有一定的脱硫效果,但脱硫率仅达 13%（烟气中 SO_2 含量从 230×10^{-6} 降到 200×10^{-6} 左右),没有达到 50% 的设计值。

对灰熔点低的煤,不宜在其制成的水煤浆中添加石灰石,因为加石灰石后使灰的成分中增加钙,将使熔点下降,容易结渣。

6.4 炉前制浆的技术关键

水煤浆技术包括制浆、储存与运输、燃烧装置与燃烧技术三个部分。关于制浆技术,本书不详述其制浆工艺及技术措施,而仅简介炉前制浆的技术关键。

6.4.1 磨矿

煤的磨粉在水煤浆制备工艺中称为"磨矿"。磨矿、级配和添加剂的加入,是制浆过程中的三个关键技术问题。

磨矿可用干法,也可用湿法。由于干法磨矿存在很多缺点:它要求入料的水分不高于 5%,这点很难满足;干磨矿功耗比湿法高;新生的表面容易被氧化;安全与环境条件也不如湿法,因此多主张用湿法磨矿。湿法磨矿中最常用的是球磨。

湿法制浆的球磨机,与粉煤球磨机很相似,不过经破碎的煤与水和添加剂等一起进入磨机筒内,在筒体内混合。筒体两端由中空轴支撑在两个主轴承上,筒体为回转部分,内衬有橡胶衬板。筒体内有带算孔的隔仓板,将筒体分为粗磨仓及细磨仓两部分。两端中空轴内都设有喇叭形的腔体,从一端的腔体进料,经粗磨仓粗磨后,由隔仓板的算孔进入细磨仓细磨,然后从另一端排料。

图 6-2 为给料系统的结构。为防止进料途中粘结,原料煤由螺旋给料机强迫给料。水管、药剂管、返浆管等在给料机的螺旋管外,平行连到筒体内。为了避免物料泄漏,在磨机入口处设置了轴向、径向双重密封装置。

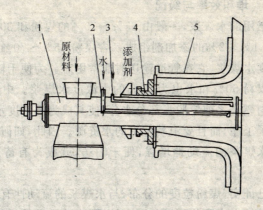

图 6-2 给料系统结构设计图
1—螺旋给料机；2—清水管(返浆管)；3—药剂管；
4—密封装置；5—磨机入料端中空轴

图 6-3 为卸料装置，主要由密封的上、下罩和圆筒筛组成。圆筒筛与磨机的中空轴法兰连接，与磨机同步转动。考虑到磨矿时产生热量和蒸汽，上罩开设排气孔，将热气通过风管引到厂房外以降低环境温度。下罩设卸料孔和排渣孔，细磨后的煤浆经圆筒筛后由卸料孔排出。筛上存留的渣子，经排渣孔定期排放。

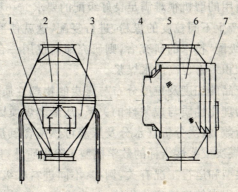

图 6-3 卸料装置
1—卸料孔；2—上罩；3—下罩；4—中空轴卸料腔；
5—排气孔；6—圆筒筛；7—排渣孔

6.4.2 堆积效率与级配

锅炉燃用的水煤浆,一般由 65%～70%的煤粉和 30%～35%的水,另加 1%～2%的添加剂组成。含煤粉 65%～70%的水煤浆称为高浓度水煤浆,它在管道输送时非常困难。为便于输送,常要求制成含煤粉 50%和水也为 50%的中浓度水煤浆。中浓度水煤浆送入炉内燃烧之前要脱去部分水分,使其成为高浓度水煤浆,这不仅增加了工序,而且要浪费宝贵的水资源。因此,如何用少量的水就能使水煤浆的流动性增强,便于输送,就成为有待研究的课题。

研究已证实,煤粉粒度的分布,与水煤浆的流动性有直接的关系。若煤粉的大小颗粒可以相互充填,那么减少颗粒间的空隙,可以提高水煤浆的流动性。空隙率越小,即固体占有率越高,越可以用少量的水就可以使水煤浆顺畅地输送。这种固体占有率,称为"堆积效率",堆积效率越高,流动性越好。这就要求在磨矿过程中不仅要使煤粉达到一定的细度,而且要求具有较高的堆积效率,也就是要求煤粉的颗粒度不是完全一致,而是要求有一定的配比。研究什么样的颗粒分布能使堆积效率提高的技术,在制浆工艺中被称为"级配"。

一般通用的磨机很难满足良好级配的要求。一种做法是采用多台磨机,产生不同粒度的煤粉,进行复配,这就使磨矿系统的工艺复杂。"级配"技术的研究者,则研究如何仅用一台磨机制出高浓度并且堆积效率也高的水煤浆。

磨矿产品的细度及粒度分布与煤炭的物理性质有关,有的单位研究煤的理化性质与成浆性的关系,从诸多煤质因素中确定哈氏可磨性指数、煤炭分析基水分及煤炭可燃基含氧量为三个主要因素,拟出煤炭成浆性指标的数学模型。除煤质外,良好的级配还与磨机的类型和运行工况有关,例如:不同进料粒级的破碎作用、粒度改变过程中的连锁变化规律、制浆浓度与流动性之间的关系等。综合煤质及磨机的性能和工况的诸多因素制成软件,设计磨机时,从软件中选优。制成样机后,还要进行测试,检验产品与设计参数是否吻合。磨制高浓度水煤浆时，其浓度远高于选矿和建材用的磨机。因此，选用磨机时必须采用水煤浆专用的磨机，并且还要了解其级配性，切不可以选矿和建材用的磨机替代。

炉前制浆，不需要长距离输送，一般都制成高浓度水煤浆，选用磨机时更需注意磨机对制造高浓度浆体的适应性和其级配性能。

6.4.3 添加剂

煤为疏水性物质，不容易被水所润湿；煤浆中的煤粒很细，具有很大的比表面积，容易自发地相互聚结。因此，煤粒与水难以制成浆体。水煤浆属于粗分散体系，煤与水很容易发生分离，所以制浆过程中必须加入少量的化学添加剂，它包括分散剂与稳定剂。

分散剂都是表面活性剂，具有两亲分子结构，一端是由碳氢化合物构成的非极性的亲油而疏水端，而另一端是极性的亲水端。非极性的疏水端很容易与碳氢化合物的煤粒表面结合，而吸附在煤粒表面上，而另一亲水端朝外伸入水中，使煤粒的疏水表面转化为亲水表面，并形成水化膜。水化膜中的水与体系中"自由水"不同，它因受到表面电场的吸引而呈定向排列。当颗粒相互靠近时，水化膜受压变形，引力则使之相斥，这就使水化膜表现出有一定的弹性，对煤粒起到很好的分散作用。

水煤浆属粗分散系，不具有胶体那种动力稳定性，在重力或其他外力的作用下，必然要发生沉淀。稳定剂的加入使水煤浆中的颗粒聚结并和周围的水相互交联，形成脆弱但又有一定强度的三维空间结构，而在静置时可有效地阻止沉淀，即使沉淀也是松软的可恢复的软沉淀。

稳定剂的加入，是否会破坏先前加分散剂的分散效果？由于先前加入分散剂后煤粒表面已覆盖了一层添加剂和水化膜并与煤粒形成一体，而稳定剂只是将水化膜与周围的水交联起来，因此不会破坏其分散作用。但是，如果将两种添加剂加入的次序搞反了，或者同时加入，就会出问题。

各国都在大力进行添加剂的研究，特别是对分散剂的研究，研究单位常对其成分及配方保密,从已公开发表的分散剂看来,主要为磺酸类(磺酸盐、萘磺酸及磺化或磺甲基化盐);烯及乙烯类(苯及聚苯乙烯、环氧乙烯、氧化及聚氧化烯);以及羧酸和聚羧酸盐、甲醛缩合(缩聚)物及木质素等的盐类、共聚物、缩合物或混合物。

分散剂的效能不但取决于它的分子结构,而且与所制浆的煤种有关。所以一种好的添加剂未必对各种煤都适用。有人认为水煤浆本身不是一种均质流体,而是固液两相混合物,使用单一的添加剂难以保持性态均匀,有必要使用多种添加剂进行复配,除有主剂外还有助剂,甚至还采用一种主剂,2或3种助剂,实行多剂复配。

6.5 水煤浆的储存与输送

水煤浆是黏度很大的混合物,其中含有煤粉、水、各种添加剂,在制备脱硫型水煤浆时还要加石灰石粉。在储存和输送过程中,最大的问题就是产生"硬沉淀"。所谓"硬沉淀"是指无法通过搅拌使水煤浆重新恢复原态的沉淀物。硬沉淀的产生会使储罐出口、输浆泵和输浆管路堵塞而导致系统故障。水煤浆能维持不产生硬沉淀的性能,称为"稳定性"。稳定期的长短,根据用户存放时间的要求而定,一般为三个月。

为了避免产生硬沉淀,管道系统要设计正确:要有完善的冲洗或吹扫设施;储罐与输送管线之间要设再循环管路;过滤器及搅拌设备要设备用;要便于检查、疏通等。运行中也要避免管线长期停运;要及时清扫;要保持最佳温度(一般为 20~30℃),夏季防止阳光直射,冬季防冻;要密封储存防止煤浆与空气接触;搅拌过程中防止空气吸入,降低水煤浆的流动性等。除了管道设计与运行管理而外,还有储罐内的搅拌;输浆泵的选择;和过滤器的完善,是三个关键问题。

6.5.1 搅拌器选择与安装

搅拌器有三种形式:

(1) 射流搅拌:通过泵的外部循环将储罐内的煤浆逐渐调匀。

(2) 气流搅拌:依靠压缩空气通入后产生鼓泡,带动煤浆翻滚,以达到清除沉淀和使煤浆调匀的目的。

以上两种搅拌的方式,结构简单,适用性强。但是效率不高,能耗较大。

(3) 机械搅拌:使用最广泛。其种类也很多,其中锚式和螺带式适用于高黏度物料,以叶轮式、涡轮式及螺旋桨式最常见,它们都可以做成有一定角度的斜片或弯曲叶片,以增大轴向流,而减少离心方向的径向流。径向流的剪切作用较强,而轴向流对流体扩散混匀的能力较强。根据日本 10000t 储罐的资料,认为螺旋桨上仰 7°对于煤浆的翻动最为有利。

叶轮与搅拌桶的直径比和叶轮的安装高度对搅拌效果都有影响。一般认为:叶轮直径 d,与搅拌桶直径 D 的比值(d/D)为 0.35~0.5 最为有利;叶轮离桶底的高度 C 与桶内液面深度 H 的比值(C/H)$\leqslant 1/7$ 时,叶轮下部的循环流可扫过桶底。防止桶底物料的堆积,常取 $C/H=1/7$。

6.5.2 输浆泵的选择

离心泵的剪切强度很大,使煤浆中颗粒之间碰撞的几率与强度都大大增加,而降低了煤浆的稳定性。所以最好不要用离心泵输送煤浆,一般采用单螺杆泵,由于它对水煤浆的剪切作用小,适合水煤浆的输送。

图 6-4 所示为单螺杆泵的构造图,由富有弹性的橡胶制成的定子形成密封腔,腔内有螺杆形转子,转子有连杆与传动轴连接,使转子在定子中旋转。水煤浆靠在密封腔内移动而完成输送过程。

单螺杆泵的定子内腔的型线要准确,转子在内腔回转时要压缩均匀,避免磨损;内衬橡胶材质要耐磨。还应注意:单螺杆泵设计时是以定子和转子相对滑动速度 v_{gm} 作为设计转速依据的,不

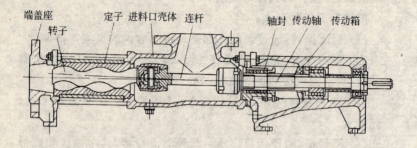

图 6-4 单螺杆泵的构造

同大小的泵,转子的直径不同,相同转速下 v_{gm} 是不同的,或者说 v_{gm} 相同时,不同大小的泵其转速也不相同。

单螺杆泵用作装卸泵时不需调节转速,一般都采用齿轮减速电机驱动;用作需调速的工作泵时,则常用电磁调速电机驱动,大型泵采用变频调速为宜。单螺杆泵较长时间停用后,再运行前必须进行清洗,因此在输送系统中必须有清洗装置。

6.5.3 水煤浆过滤装置

过滤是在浆液不断流动的过程中连续进行的。悬浮在浆液中的颗粒及杂质将停留在过滤筛孔内或沉积在过滤筛表面。随着过滤过程的不断进行,在过滤筛表面将形成一层浆液膜,并不断增厚,由此引起阻力不断增加。如不采取措施消除浆膜,则可能由于过滤阻力的增加,影响过滤效果,以至导致过滤失败。

图 6-5 为水煤浆在线过滤器的构造。水煤浆由进浆管 1 进入过滤器,浆液通过过滤筛 10,经出浆通道 3,由出浆管 4 流出,5 为回流管,2 为外壳。9 为可旋转的清理装置,用于清理筛面的浆液膜,清理的污物由排污管 11 排出。清理装置 9 由减速电机 6 带动,7 为轴承,8 为密封座。

煤浆过滤时克服阻力所需的压力由供浆泵提供。过滤器浆液过滤的压降与浆液黏度及过滤量都成正比。因此,在选用或设计过滤器时,必须明确过滤量的范围。

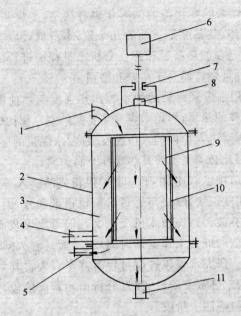

图 6-5 水煤浆过滤器
1—进浆管;2—外壳;3—出浆通道;4—出浆管;
5—回流管;6—减速电机;7—轴承;8—密封座;
9—清理装置;10—过滤筛;11—排污管

6.6 水煤浆燃烧的特点

水煤浆都是采用由燃烧器喷入炉内在炉室空间中燃烧,属于室燃炉。它与煤粉炉和燃油炉相似;它的可燃物质为煤粉,这点与煤粉炉相似;它有雾化问题,这点又与燃油炉相似。但也有特点:

(1)水煤浆含有 $30\%\sim35\%$ 的水分,这就必然会先有一个水分蒸发过程,这就使水煤浆着火所需的热量增加,大约比同种煤粉增加 $66\%\sim87\%$。

(2)水煤浆是以入口速度很高的喷雾方式将水煤浆喷入炉内燃烧区域,其入口速度一般要求 $200\sim300m/s$,而烧煤粉则以一次风混合带入,速度较低,一般为 $20\sim30m/s$。

(3) 水煤浆的雾化与油的雾化也有区别,水煤浆是高黏度的液固两相流体,其黏度是重油的几十倍,本身就难以雾化,况且水煤浆的雾化是在加热蒸发和挥发分析出过程中进行的,其雾化条件比油差,并且燃烧器易于堵塞和磨损。

(4) 燃用水煤浆锅炉的炉室容积热强度与燃油锅炉不同,若燃烧产生同样的热量,燃用水煤浆需要的炉室容积比燃油大。

(5) 水煤浆进入炉内的入口速度很高,水煤浆的雾炬本身有很高的动能,因此必须注意使其热量能充满炉膛。

在 4.1 节中已叙述,由于室燃炉煤粉或油喷入炉内立即着火燃烧;燃烧速度很快,燃烧与燃尽阶段也很难区分,因此按三个阶段划分来研究改善燃烧技术已无意义。但对水煤浆而言则不然,因为其着火前的准备工作延续时间较长,而且着火问题成为最为关键的问题。研究水煤浆燃烧过程时甚至有人将其划分为:水煤浆加热阶段;水分蒸发阶段;挥发分析出和着火阶段,及固定碳燃烧和燃尽阶段等四个阶段。

改善水煤浆的燃烧,首先是良好的雾化及顺利地着火,此外,过剩空气系数的控制及一次风和二次风的配比,也就是配风问题也很重要。而雾化、着火与配风主要都在燃烧器中进行,因此,归根结底,还是要有一个性能良好的水煤浆燃烧器和燃烧器的合理布置。

6.7 水煤浆燃烧器及其布置

6.7.1 水煤浆燃烧器的雾化方式

油是液体燃料,在燃烧前必须先要雾化。雾化的方式有四种:(1)机械雾化:油经油泵将压力升高,经分流片的小孔分流;然后经旋流片的切向槽切向进入旋流片中心的旋流室获得高速的旋转运动;最后由喷孔喷出。(2)转杯雾化:油通过空心轴进至转杯根部,由于高速旋转运动,油沿转杯内壁向杯口流动。转杯直径向杯口逐渐增大,内表面也越来越大,迫使油膜越来越薄,最终在离心力的作用下甩离杯口。(3)蒸汽雾化:利用高压蒸汽的喷射,将中心油管中的油带出并撞击为油滴,借蒸汽的膨胀和与热烟气的相撞再进一步把油滴粉碎为油雾。(4)空气雾化:雾化介质不用蒸汽而用空气,按相同方式进行雾化。

水煤浆也是液体燃料,如 6.6 节所述,也必须先要雾化。由于水煤浆是高黏度的液固两相流体,黏度很高而且含有较多的煤粉。因此,就确定了不能采用机械雾化和转杯雾化,否则不仅难以良好的雾化,而且堵塞和磨损十分严重。水煤浆锅炉宜用蒸汽雾化,蒸汽比空气重,其雾化效果较好,若用空气雾化冲击力较小。只有没有蒸汽源的热水锅炉,或有些小型锅炉才采用空气雾化。采用空气雾化要求将空气压力提高至 $0.7\sim0.8MPa$,必须设置空气压缩机,故又称压缩空气雾化。

6.7.2 水煤浆喷嘴及燃烧器布置方式

水煤浆喷嘴应满足以下各方面要求:

(1) 良好的雾化特性,能稳定着火,雾化角和射程都合适,使具有较好的燃烧特性和较高的燃烧效率;

(2) 有良好的防止堵塞的性能,不至于因堵塞而影响长期连续运行;

(3) 有较好的防磨损性能,使具有较长的使用寿命;

(4) 有较好的负荷调节性能;

(5) 有较低汽耗率。

水煤浆喷嘴,是在粉煤燃烧器及油燃烧器的基础上,结合水煤浆的特点而设计的,其种类繁多,按雾化介质分,有蒸汽雾化和压缩空气雾化;从雾化原理来说,都是利用雾化介质的撞击。按雾化介质和水煤浆交叉流动方式分,常见的是 T 型和 Y 型。无论何种形式的喷嘴,一般都是水煤浆从内侧流动,而雾化介质从外侧流动,如图 6-6 所示。

例如:目前最常用的一种蒸汽雾化水煤浆喷嘴(DZ3000B 型)采取了 Y 型雾化,T 型雾化及机械撞击雾化等多级雾化,力求获得良好雾化效果。在喷嘴中,水煤浆的通道较大且长度较短,使具有良好的防堵性能。在喷嘴的防磨方面也采用了一些措施(详见

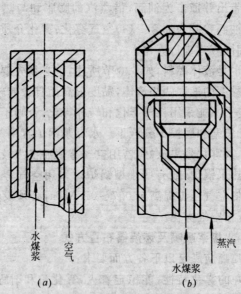

图 6-6 水煤浆燃烧器示意图

6.7.3 节中阐述)。这种喷嘴的参数,列于表 6-4。

DZ3000B 型水煤浆喷嘴参数　　　　表 6-4

项　目	参　数
设计负荷	3000kg 浆/h
单枪负荷调节范围	1500～3000kg 浆/h
雾化介质	过热蒸汽
雾化蒸汽压力	1.3～1.5MPa
雾化汽耗	0.22～0.25kg 汽/kg 浆
雾化细度 SMD	<105μm
喷嘴使用寿命	>1000h

水煤浆喷嘴和配风器形成水煤浆燃烧器,配风器分为旋流式和直流式两种。一般蒸汽雾化的水煤浆燃烧器有两种布置方式:(1)在炉子前墙分几排布置,配风器采用旋流式;(2)在炉子四角单切圆形式布置,配风器采用直流式。不宜采用两面墙布置或炉顶、

炉底布置的方式。一般压缩空气雾化的水煤浆燃烧器都装于炉前,采用旋流配风器,而且都设在预燃室内;个别小型锅炉也有将预燃室及燃烧器装在炉子一侧的。水煤浆燃烧器放在一侧,由链条炉改烧水煤浆锅炉,可以依然烧煤、或单独烧水煤浆,以及任何比例的煤与水煤浆混烧。但小型锅炉炉膛较深而宽度较小,燃烧器装于一侧炉墙,其气流组织的设计较为困难。

6.7.3 喷嘴的磨损问题

水煤浆是液固两相的流体,需要较大的能量进行雾化,而它又含65%～70%的煤粉,必然会产生较严重的磨损。因此,如何减少磨损而延长使用寿命,就成为水煤浆喷嘴应关注的问题。解决这个问题的途径有两个方面:

(1) 磨损程度与材料的物理性能密切相关,因此,采用抗磨性能好的耐磨材料,是最常用的途径。日本日立公司对不同材料的喷嘴试验数据说明,特种材料的寿命可达 6000h 以上;碳化硅、氮化硅陶瓷材料一般能用到 1000h 以上;碳化钨硬质合金耐磨材料可达 10000h。当然,抗磨性能越好的材料,价格也越昂贵。有的喷嘴在容易磨损的部位采用陶瓷材料。

(2) 从喷嘴设计上加以改进。例如,DZ 型喷嘴就将雾化蒸汽孔的布置加以改进,使喷嘴内部雾化蒸汽与水煤浆进行动量交换时,径向分力互相抵消,以减少对喷嘴壁面的磨损;同时在结构上设计成为,允许易磨损的部位,有较大的磨损量时,仍能良好的雾化。

6.7.4 压缩空气雾化燃烧器与预燃室

压缩空气雾化、空气的压力低温度也低,因此一般都采用预燃室,水煤浆在预燃室中着火再喷送至炉膛内继续燃烧。图 6-7 所示,即为一种有控制射流的偏置式预燃室的原理图。雾化了的水煤浆和空气混合物,以一定的速度通过下偏置并有上倾角的一次风管喷入预燃室,在预燃室的上部形成一个很大的回流区。在一次风口下侧近底部射入一股控制射流,它起吹灰和控制燃烧的作用,并且还增大射流出口附近的湍流度和对主射流起引射作用,使上半部回流区更强大,形成一个稳定的高温热源。回流区的大小和位置以及吹灰效果,可通过调节主射流和控制射流束达到。在预燃室尾部布置二次风,二次风向预燃室中心方向加入。例如:杭锅生产的 NG-20/2.45-My 型的 20t/h 水煤浆锅炉,就在前墙下层布置了两台这种预燃室,其设计参数见表 6-5。在前墙的上层布置了两台油燃烧器。

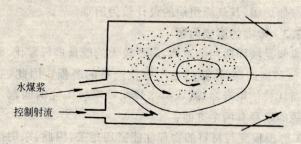

图 6-7 下偏式预燃室原理图

预燃室设计参数　　　　　　　　　表 6-5

项目	数值
直径 φ	450～700mm
长度与直径比,L/D	1.6～2
一次风速	20～30m/s
二次风速	30～50m/s
控制射流速	40～60m/s
一次风上倾角	$\alpha=6°～12°$
二次风加入角	$\beta=30°$

水煤浆在预燃室中完成水分蒸发。挥发分析出,点燃并形成稳定的火焰直接喷入炉膛继续燃烧;它是根据燃烧空气动力学稳燃原理设计的。它有以下优点:(1)体积小,调节灵活,可针对不同水煤浆的性能,建立合理的气流结构;(2)稳燃性能好,水煤浆可在冷风条件下起动和稳定燃烧,节省点火用油;(3)当锅炉由燃煤或燃油锅炉改装为燃用水煤浆时,炉膛改造工作量少。

预燃室的内壁衬有耐火材料,室内温度较高,因此内壁容易结渣、积灰,是预燃室普遍的问题。偏置式预燃室的热态试验表明,在预燃室内,上半部温度高,下半部温度低;头部温度低,尾部温度高;壁面附近温度明显低于中心温度。这种温度分布能强化燃烧,又对防止结渣、积灰有利。

6.8 水煤浆的燃烧技术

通过近几年来国内水煤浆锅炉的应用,特别是对一些水煤浆锅炉进行测试、分析及研究,对水煤浆的燃烧技术总结出一些经验与成果,现分述于下。水煤浆锅炉目前还是以蒸汽雾化较多,特别是容量较大的锅炉,测试与研究在蒸汽雾化的水煤浆锅炉上进行的较多,而压缩空气雾化水煤浆锅炉的资料很少,但有些问题带有共性。

6.8.1 点火、着火及稳燃手段

在 6.6 节中已阐述,水煤浆的燃烧与燃油有很大的区别,水煤浆中含有 30%～35% 的水分,增加了着火热,延长了着火距离是其主要区别之一。由此而带来着火困难和燃烧不易稳定的特点。水煤浆所需的着火热,与水煤浆的浓度,即水分含量的多少有关。表 6-6 给出水煤浆中含水分量不同时,其着火热与煤粉着火热的比值。

水煤浆着火热与水分的关系　　　　　表 6-6

水　分(%)	水分蒸发热占总着火热的比例	水煤浆着火热与煤粉着火热之比
0	0	1.0
20	0.34	1.44
30	0.47	1.66
40	0.58	1.87

着火热的增加,使着火时间延迟,完成水分蒸发过程约需 0.5～1m 的射程,这就给水煤浆组织稳定燃烧带来很大的困难。以下将影响着火及稳定燃烧的因素及稳燃手段分述如下:

(1) 在燃烧器设计上采取的措施

水煤浆雾炬的着火,必须使它获得足够的着火热。加热浆炬的来源有高温回流热烟气、辐射热、化学反应热。其中以烟气回流加热起主要作用。为了将水煤浆加热到着火温度,也必须同时将进入炉膛的一次风也加热到着火温度。因此,一次风的混入不宜过早,最好在蒸发阶段基本结束的时候加入。一次风过早的加入会延长蒸发阶段的过程。同理,过量的加入一次风也会有类似的影响。

希望在离燃烧器出口约 0.5m 处着火最好,着火太迟水煤浆来不及在炉膛内燃尽,而造成很大的固体不完全燃烧热损失;着火太早可能使燃烧器过热而损坏,或燃烧器附近结渣。因此,对水煤浆喷入速度,和一、二次风的风压、风速要恰当地配合。

从上述可知,在燃烧器的设计上,不仅要有足够的回流烟气的热量,而且在喷浆速度与一、二次风的配合和加入时间上都有要求。此外,常见的圆形旋流式水煤浆燃烧器,在喷嘴尾部配置一个伞形稳燃罩;直流式则配置一个小叶轮。这些结构能保护火焰根部不被一次风吹灭,延缓一次风的混合,并且产生一定的烟气回流作用。

(2) 在炉内布置上采取措施改善着火环境

水分对燃烧过程的影响还表现在燃烧温度方面,水分的蒸发使部分热量消耗而炉内温度下降不利于着火。为此,常在炉内布置上采取措施加以改善。

最常见的措施是在布置燃烧器附近墙面敷设卫燃带,以提高辐射热和减少散热。有的水煤浆锅炉,燃烧器设在前墙,在前墙两侧布置不吸热的绝热炉墙,形成"保温前置稳燃室",提高附近的炉内温度,以加强着火。

图 6-8 所示,将炉膛分为上、下两部分,在下炉膛的顶部布置一部分水煤浆燃烧器,使形成 U 形火焰。下炉膛为第一级燃烧室,由于 U 形火焰遮蔽了炉膛后部的部分受热面,而使第一级燃烧室的着火区温度较高利于着火。上炉膛为第二级燃烧室,在其中水煤浆继续燃烧和燃尽。

有的水煤浆锅炉在前、后墙燃烧器中部标高处,增设贴壁风喷嘴,用高速空气引射高温烟气流向燃烧器根部,以提高着火区温度,如图6-9所示。

(3) 浆压和雾化蒸汽压力的合理配合

对水煤浆着火影响最大的两个因素是浆压和雾化介质的压力。某公司的着火试验结果表明浆压在0.7~1.8MPa范围内均可实现着火,但对雾化蒸汽压力有相应的要求,如图6-10所示。

图中两条虚线之间的区域为可着火区。与燃烧重油不同的是当浆压增加时,相应的雾化蒸汽压力也必须增加。这是因为水煤浆的雾化比较困难,主要靠蒸汽的冲击破碎,使煤浆形成细小的液滴,当浆压上升时,浆体本身具有能量提高,必须相应提高雾化蒸汽的能量才能使浆液破碎。当雾化蒸汽压力低于浆压较大时,雾化效果差,难以着火;当浆压比雾化汽压高出0.2MPa时,煤浆火焰开始脱离喷嘴,燃烧推迟;当雾化蒸汽压力高于浆压时,影响煤浆的喷出量,严重时蒸汽倒流入煤浆管而不能喷出。

推荐浆压采用0.8~1.3MPa,将此范围内相应雾化蒸汽压力的对应关系列于表6-7。

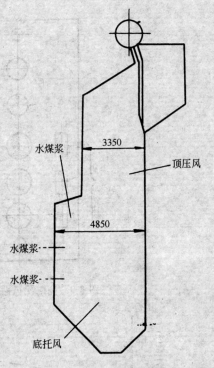

图6-8 二级燃烧室及顶压风与底托风

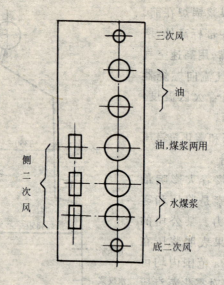

图 6-9 侧二次风贴壁风装置

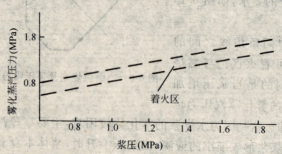

图 6-10 可着火的水煤浆压力与雾化蒸汽压力

可着火的水煤浆压力与雾化蒸汽压力　　表 6-7

浆压(MPa)	0.8	0.9	1.0	1.1	1.2	1.3
雾化蒸汽压(MPa)	0.75	0.85	0.95	1.05	1.15	1.25
	0.85	0.95	1.05	1.15	1.25	1.35

不难看出其对应的雾化蒸汽压力也为 0.8～1.3MPa 之间,若蒸汽压力略大于浆压,其差值不大于 0.05MPa。

雾化汽压的升高，燃烧器的雾化性能改善，雾化粒径下降，有利于水煤浆的燃烧和燃尽，飞灰的含碳量下降，如图6-11(a)所示。但是随着汽压的升高，汽耗率则有所上升，如图6-11(b)所示。因此雾化压力应通过技术经济比较，兼顾燃尽率和汽耗率两个方面来确定，一般来说汽耗率控制在20%左右(雾化汽压约为1.1MPa)较为合适。

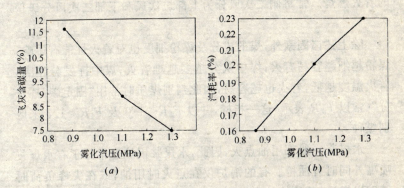

图6-11 雾化蒸汽压力与飞灰含碳量及汽耗率的关系

空气雾化采用旋流式燃烧器，浆压及雾化空气压力都较低，缺乏这方面的着火试验数据，一般推荐浆压<0.8MPa，空气压力采用0.7~0.75MPa。

(4) 一、二次风配风

水煤浆在水分蒸发阶段不需要送风，若在蒸发结束之前过早地送给一次风会延长蒸发阶段反而不利，因此一次风应尽可能从水分蒸发阶段基本结束时逐渐和水煤浆混合。一次风和二次风的风速及风量的配比，蒸汽雾化一次风风速常采用20m/s，风量约占20%；二次风风速常用35m/s，风量约占80%。空气雾化一次风风速常采用12m/s，风量约占15%；二次风风速常取15m/s，风量约占85%。由此可以看出燃用水煤浆时一次风风量不宜太多，过大的一次风不利于水分蒸发和煤浆的稳定着火，若水分蒸发不完全，燃烧推迟，火焰吹到受热面上会引起结渣。风箱风压最好保持不要高于800Pa,否则着火推迟,也会使煤浆火焰脱离喷嘴,使火焰后移而引起受热面结渣。

角置燃烧器的性能,不仅取决于良好的炉内空气动力场组织,合理的一、二次风配风也是关键的技术。有些室燃炉其炉膛横截面的宽深比约为1.4:1,采用了短边两侧炉墙布置的四角切圆燃烧,若采用侧二次风并和一次风双切圆布置,有利于加强煤浆雾炬的着火燃烧。常将侧二次风分为上部二次风和下部二次风分级送入。

除上述诸因素外,煤的成分及煤粉细度也对着火性能有影响,煤粉越细越容易着火;煤中灰分越多越难着火;煤中挥发分越高,着火温度越低,着火也越容易,因此判别煤质时常用"固定碳/挥发分"(常以 F_1R 表示)这一指标,并以 $F_1R<1.0$ 及 $F_1R>1.5$ 来区别煤种。

水煤浆一般都用油点火,因此,水煤浆锅炉通常除了有水煤浆喷嘴外同时有油枪。有的锅炉仅在点火时用油,或在尖峰负荷时辅助以燃油,其油枪的容量按锅炉额定负荷的30%来配置。也有的锅炉可单独燃用水煤浆,也可单独燃油,或可以同时燃用这两种燃料,或以燃油装置作为备用。油枪的设置也有不同方式:一般大型水煤浆锅炉多设固定的油枪;也有的锅炉在蒸汽雾化喷嘴上有喷水煤浆及喷油两个中心管;也有的喷嘴可在炉外更换水煤浆喷嘴或油枪。

6.8.2 合理配风,改善空气动力场,提高燃烧效率及锅炉效率

着火和燃烧是密切相关,难以截然划分的,在6.8.1节侧重从着火角度出发进行分析和提出改进措施。本节则侧重于燃烧及燃尽角度进行分析和提出改善措施:

(1) 切圆布置及采用侧二次风

较大型的水煤浆锅炉,其炉膛横截面常为方形或近于方形,燃烧器采用正四角布置切圆燃烧,或短边两侧墙布置的四角切圆燃烧,在每角布置一个燃烧器,采用直流配风器,四角燃烧器喷出的浆雾炬都与炉膛中心的假想的圆相切。一般切圆常取 $\varphi=$

500mm。这种布置,将浆雾推至炉膛中心温度高的部位,并且有强烈的搅动,形成良好的空气动力场,有利于着火燃烧。若同时采用侧二次风有效地提高射流的刚度,降低燃烧器高度,保持射流之间的混合距离,则更为有利。四角切圆燃烧器可布置一层(4个燃烧器),也可以布置两层(每层4个燃烧器共8个燃烧器),甚至布置三层。从我国实践,认为角置切圆燃烧比在前墙布置燃烧器更易组织良好的空气动力场,故优先采用角置切圆燃烧布置。

(2) 合理配风,改善炉内燃烧的空气动力场

合理配风是改善炉内燃烧的空气动力场,以提高燃烧效率的关键,在6.8.1节中已述及一些关于这方面的分析与措施。现侧重强化燃烧方面,阐述如下。

一、二次风的配比十分重要,但不同炉型、燃烧器结构、水煤浆的成分,及工况不同,其一、二次风的风速、风率、旋流强度等的最佳值都不相同。现以某单位[实例47]为例,此单位将KZL4-10型锅炉改装成燃用水煤浆锅炉,采用压缩空气雾化、双旋流式配风的燃烧器。水煤浆喷嘴的设计容量为203kg/h;浆压≤0.8MPa,空气动力为0.75MPa;雾化汽耗率为0.2kg(气)/kg(浆);雾化粒度≤105μm。在原锅炉前部增加预热室;安装燃烧器;将炉底改为灰斗进行人工除灰。燃烧室后墙前布置了拱形上隔墙,以加强部分飞灰在炉内沉淀。燃烧器筒体直径650mm,长度718mm。

试用两种水煤浆:精煤水煤浆和经济型水煤浆(其技术指标见表6-8)都取得良好的效果:

两种水煤浆的技术指标 表6-8

技术指标 水煤浆种类	原煤类别	浓度(%)	平均粒度(μm)	挥发分(%)	发热量(MJ/kg)	黏度(MPa·s)	灰分(%)	硫分(%)
精煤水煤浆	精煤	67%±1%	<50	>35	>20	<1400	<9	<0.8
经济型水煤浆	煤泥	60%~68%	<50	>30	14.63~16.72	<1400	15~25	<1

均能达到锅炉负荷要求；燃烧效率高达 98% 以上；锅炉热效率达到 81%。其最佳一、二次风配比的数值见表 6-9。

一、二次风配比　　　　　　　　表 6-9

项　目	数　值
总　风　量	4413m³/h
一次风风速	12m/s
二次风风速	15m/s
一次风率	15%
二次风率	85%
一次风旋流强度	0.45
二次风旋流强度	1.33

这一实例，其锅炉改造方式对小型快装锅炉有一定代表性，燃用不同种类的水煤浆都能取得相同的良好结果，因此，其一、二次风的配比数据，有参考的价值。

为了改进燃烧在炉膛底部设底部托风，在炉膛上部设顶压风也是一种有效的措施，如图 6-8 所示。底托风有的资料称为下二次风，它具有托住水煤浆中粗大的颗粒的作用，这些颗粒燃烧时向下落至底部灰斗，托住这些颗粒，使其下降的速度减缓，有利于它们的燃尽。顶压风又称上二次风，它是考虑到水煤浆燃尽过程较长，为了弥补旋流式燃烧器混合能力差而设置的，它和未燃尽的浆粒混合并扰动，而改善燃尽情况。增大顶压风（上二次风）的开度，飞灰的含碳量有下降趋势；增大底托风（下二次风）的开度，则炉底灰渣的含碳量有下降趋势，如图 6-12 所示。当开度为 0～50% 范围内其变化特别显著。

(3) 分级加入二次风

水煤浆水分蒸发完毕后，其燃尽过程本质上属于煤粉燃烧，但水分蒸发吸收了大量热量，使燃烧温度降低 100～200℃；煤浆结团后颗粒增大，燃烧过程增长；颗粒大的浆粒容易分离落至炉底，使炉渣含碳量增大。因此，它比同煤种的煤粉炉燃烧难度大。

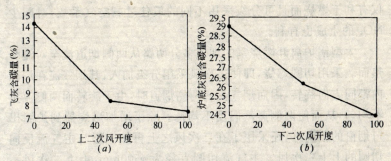

图 6-12　上、下二次风开度与飞灰含碳量及灰渣含碳量的关系

如上所述,为了改善燃烧,可设底托风、顶压风或侧二次风。实际上采用这些措施,就是将二次风分级加入。例如:增设了底托风及顶压风,就是将二次风分为上二次风、中二次风及下二次风三级加入。

旋流式燃烧器,除了增设底托风和顶压风等外,实行分级送入二次风比较困难。而切圆布置使二次风分级送入比较容易,常将燃烧器分为二或三层,而使一次风与二次风相间布置。例如:武汉锅炉厂设计的 130t/h 水煤浆锅炉,就采用了如图 6-13 所示燃烧器分为两层的一次风与二次风相间的

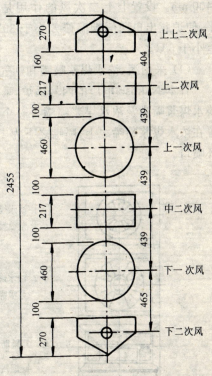

图 6-13　切圆布置分级送入二次风

分级加入的方案。这种布置可以分级控制一、二次风的配比,它不

仅有利于燃烧而且可分级采用不同的最佳过剩空气系数,对减少NO_x的生成也有利。

大型锅炉离开燃烧室的烟气多分两路从两侧烟道流至对流受热面。采用切圆燃烧,即使二次风采用分级加入,其烟气流在炉膛内都同方向旋转,因而烟气流入两侧烟道时,由于旋转而两侧流量不均匀,从而使两侧蒸汽温度不均衡。除了增加燃烧器到炉膛出口烟窗的距离外,还采用了在二次风之上再加一层与主气流反向切圆的上上二次风。主气流切圆直径为$\phi500mm$,上上二次风不仅旋转方向与主气流旋转方向相反,而且切圆直径较小,采用$\phi400mm$。设置上上二次风的作用是减少炉膛出口残余旋转水平,使炉膛出口两侧烟温偏差小于30℃,过热器两侧蒸汽温度偏差小于5℃。

(4) 采用淡、浓水煤浆喷嘴和烟气再循环

日本 Nakoso 电厂的四号锅炉,采用如图 6-14 所示的措施,将淡水煤浆喷嘴及浓水煤浆喷嘴各一个进行组合,淡水煤浆喷嘴放置在浓水煤浆喷嘴之上;喷嘴之下为二次风喷口;最下为烟气再循环喷口。

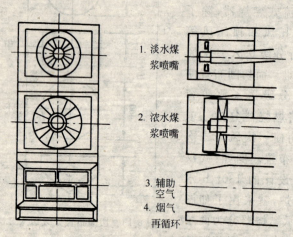

图 6-14 淡浓水煤浆燃烧器

这种装置更多是从降低烟气中 NO_x 的生成量着眼。从燃烧的角度来看淡水煤浆,浓度低,黏度也低,雾化有利,但着火不利,淡水煤浆喷嘴放置在浓水煤浆喷嘴之上,可以得到较强烈的着火热源。

燃料燃烧烟气中的 NO_x 可分为两部分:燃料本身含氮而生成的 NO_x,常称为"燃料 NO_x";燃料燃烧时空气中的氮与氧化合生成的 NO_x,常称为"热力 NO_x"。

"燃料 NO_x"的生成量,与燃料的 NO_x 转化率(以%表示)及燃料中的氮的含量两个因素有关,而转化率的关系更大。煤种不同,燃料中的"氮/氧"比值不同,其转化率也不相同。若甲种煤的转化率比乙种煤大得多,虽然甲种煤的含氮量低于乙种煤,也有可能燃用甲种煤"燃料 NO_x"的生成量比燃用乙种煤大。煤种相同时,煤中含氮量越高,燃烧生成的"燃料 NO_x"越多。

"热力 NO_x"的生成量,与过剩空气系数 α 及燃烧器区域的温度都密切相关,α 值越小,温度越低,"热力 NO_x"的生成量就越低。淡浓水煤浆喷嘴及烟气再循环装置,其水煤浆大部分都由浓水煤浆喷嘴喷出燃用,在浓水煤浆燃烧器中使 $\alpha<1$,而减少"热力 NO_x"的生成。燃烧所需总风量,由下部分的二次风及淡水煤浆燃烧器补给。采用烟气再循环是使燃烧区域温度降低,从而可以减少"热力 NO_x"的生成量。再循环烟气从哪个部位引入炉膛极为重要,它必须直接送到初始燃烧区才有效。因而常将再循环烟气直接和燃烧所需空气混合送入炉膛。图 6-14 所示系统是将再循环烟气向上与二次风混合,送至初始燃烧区。

除上述各种措施外,为了提高水煤浆锅炉的燃烧效率和热效率,还采用:水煤浆预加热;提高热风温度;提高水煤浆中煤粉细度;采用灰再循环;及加强吹灰,防止受热面积积灰等措施。

6.8.3 煤与水煤浆复合燃烧

燃煤的层燃炉或流化床锅炉可以同时掺烧水煤浆,这还会改善水煤浆的着火燃烧条件和提高锅炉的燃烧效率。

(1) 链条炉排煤及水煤浆复合燃烧

链条炉排煤及水煤浆复合燃烧与第四章所述链条炉排煤与煤粉复合燃烧本质上相同,其不同之处仅在于将风扇磨制粉系统改为制浆系统;水煤浆燃烧增加了雾化过程和水分蒸发阶段。煤与水煤浆复合燃烧多用于小型链条炉排锅炉,采用压缩空气雾化,预燃室设于炉侧,原有链条炉的燃烧装置完全不变。这种燃烧方式同样可以提高锅炉的出力与效率。

中国矿业大学北京校区[实例51],曾在240×10^4 kcal/h 的热水锅炉的炉左侧装了预热室及压缩空气雾化的水煤浆燃烧器,使这台锅炉可以单独烧煤;可以单独烧水浆煤;也可以煤与水煤浆掺烧,并进行了试验研究。

试验时制浆用煤及燃用的煤都采用同一煤种;在相同出力下,进行四种模式的试验即:单烧煤;单烧浆;煤浆混烧1(煤与浆的重量比为浆:煤=1:1.18);煤浆混烧2(煤与浆的重量比为浆:煤=1:1.59)。所用水煤浆浓度均为66%。试验结果如表6-10所示:

链条炉排混烧煤与浆对比试验　　　　表6-10

试验模式	平均炉温	排烟温度	烟氧含氧量	燃烧效率	热效率	折合煤量
单烧煤	780℃	170℃	11.5%	64%	51%	520kg
单烧浆	810℃	170℃	7.3%	76%	68%	409kg
煤浆混烧1	905℃	190℃	5.2%	92%	78%	405kg
煤浆混烧2	940℃	210℃	4.5%	90%	76%	495kg

由试验结果可以看出,在锅炉出力不变的条件下,掺烧水煤浆效果较好。

(2) 流化——悬浮高效洁净燃烧

山东胜利油田胜利发电厂与东北电力学院合作开发了一种水煤浆与循环流化床锅炉复合燃烧技术,称为流化——悬浮高效洁净燃烧技术。它就是将水煤浆投入循环流化床中,水煤浆在850～950℃左右的炽热流化床中,迅速地完成了水分的蒸发过程和挥发分析出着火燃烧及焦炭燃烧过程。继而在流化状态下颗粒较大的浆团解体为较细颗粒被带出密相区而进入悬浮室继续燃烧。较粗的浆粒在炉膛出口经分离器随煤粒一并分离、捕捉返回炉膛循环燃烧。在提出硫化——悬浮高效洁净燃烧技术之前,已有徐州庞庄矿选煤厂等单位,将浮选尾煤制成的经济型水煤浆掺入沸腾炉混烧,而浮选尾煤属选煤厂的废弃物,加以利用经济性更为显著。

6.8.4 改用水煤浆时应注意的其他问题

(1)燃油炉改燃水煤浆时,要增设冷灰斗;要扩大炉室空间;

(2)链条炉改用水煤浆时,烟气中带灰量增大,烟管锅炉烟管中积灰清除劳动量大;初始排尘量增加,要考虑原有除尘设备的排尘量是否达标;

(3)水煤浆系统的阀门在选用时,应充分考虑其抗腐蚀磨损的问题,不用阀门进行流量和压力的控制,应保持全开或全关;

(4)要选用有防磨措施,寿命长的燃烧器;对流受热面要采取措施,防止严重磨损;

(5)为了有利于水煤浆的着火,在燃烧器的周围可局部增设卫燃带。

主要参考文献

1. 梁琦,付勇,王岁权,秦梁.水煤浆技术研究与应用(论文集),2001
2. 陈利国.水煤浆锅炉系统的工艺配置及运行(论文集),2001
3. 张荣增,何为年.高浓度水煤浆燃料的制备技术(论文集),2001
4. 王受路,张荣增,孙宗岳.水煤浆专用球磨机研究与设计(论文集),2001
5. 李再澄.用单螺旋杆泵输送水煤浆(论文集),2001
6. 张凌燕,刘国文.水煤浆分散剂的制备与研究(论文集),2001
7. 刘建忠,赵翔等七人.水煤浆过滤装置的系统设计与运行(论文集),2001
8. 杨再成.水煤浆燃烧技术在我国的发展和应用,2001
9. 杨再成.日本水煤浆技术在锅炉上应用经验,2001
10. 胜利油田水煤浆实验小组.改变能源结构,实现胜利油田自用燃料以煤代油之路——开发应用水煤浆技术,1994
11. 杨震,廉群,闵伟.中小型供热锅炉燃烧水煤浆技术(论文集),2001

12. 张文富,张子平等五人.4t/h链条炉燃烧水煤浆试验研究(论文集),2001
13. 杨再成,时伟,寿立刚.电站锅炉水煤浆燃烧方式浅谈.余热锅炉,2001.1
14. 武汉锅炉厂.3×130t/h水煤浆锅炉投标书(水煤浆燃烧说明书),2002
15. 武汉锅炉厂.3×130 t/h水煤浆锅炉投标书(有关问题说明),2002
16. 马玉峰.水煤浆燃烧技术的现状与发展.青岛市首届学术年会材料,2002
17. 郑时如.220 t/h水煤浆锅炉燃烧试验研究(论文集),2001
18. 曹欣玉,黄镇宇等七人.白杨河电厂230 t/h炉燃用水煤浆工业试验(论文集),2001
19. 上海工业锅炉产品质量监督检测中心.工业锅炉热工实验报告(编号:2001-G-030)
20. 山东省环境监测中心站.烟气、二氧化硫、烟气黑度监测报告(编号:鲁环监委字2001第092号及第086号监测报告)
21. 青岛市环境保护监测站.锅炉废气监测报告(编号:委监字2001第29号)

第七章 供热锅炉的烟气脱硫

7.1 锅炉烟气脱硫技术发展简况

在1.5节中已叙述锅炉脱硫的基本途径有燃烧前脱硫、燃烧中脱硫和燃烧后脱硫,而锅炉的烟气脱硫,就是燃烧后脱硫。在1.5.3节中叙述了烟气脱硫按固硫剂的形态的分类,和高烟囱扩散稀释法,在本章中不再阐述。

硫是常用的工业原料,它可以被多种碱金属氧化物、碱土金属氧化物及活性炭、硅胶等物质吸收或吸附,也可采用催化氧化法或还原法脱除。选择适当的方法,将烟气中 SO_2 在很高的脱硫率下去除是完全可以实现的。因此,当环境意识要求还不十分强烈的时候,很早就开始研究烟气脱硫技术。当时主要出发点是作为综合利用技术,回收工业原料。

烟气脱硫技术虽取得很大的收获,不少方法脱硫率可达90%～95%甚至更高,但是设备庞大,投资大。而烟气中 SO_2 的体积在烟气中一般仅占0.2%～0.4%,燃用高硫煤也仅占1%以下。要处理大量烟气,取得极少量的副产品,显然很不经济。因而这些脱硫效率很高的工艺,并没有及时推广应用到锅炉烟气脱硫上。

随着环保意识的不断提高,锅炉烟气脱硫问题又提到日程上。虽然在经济评价上要把社会效益和经济效益综合考虑,但投资和运行费用的降低仍是核心的问题。研究和开发的方向是寻求投资和运行费用低而脱硫效率高,使烟气能达到排放标准的脱硫方法和设备。

经过各国技术人员的努力,在发电厂锅炉脱硫技术上取得了很大进展。我国将电厂锅炉烟气脱硫技术的研究列为国家重点科研项目,先后引进了石灰石——石膏法、喷雾干燥法、磷铵肥法、炉内喷钙及炉后烟气增湿(LIFAC)法、活性钙吸附法、海水脱硫等十多种不同的锅炉烟气脱硫设备,并进行了应用性的研究,予以筛选及推广。这些脱硫方法虽然经济上有了很大的提高,但是设备投资仍占电厂总投资的 10%~25%,个别甚至更高;年运行费用占电厂总运行费用的 8%~18%。

供热锅炉(低压、中压及次高压锅炉)的特点是单炉容量小,锅炉房总投资低,套用电厂的脱硫方法仍难以承受。近 20 年来,我国对中小型燃煤锅炉烟气脱硫专门进行了攻关研究,自 1995 年年末在徐州召开全国烟气脱硫研讨会后,又多次召开全国性中小型锅炉烟气脱硫的研讨与交流会。本章仅阐述有关供热锅炉(低压、中压及次高压锅炉)的烟气脱硫方法。

7.2 低压锅炉的简易烟气脱硫装置

我国研究适用于 10t/h 以下小型锅炉的简易烟气脱硫装置种类很多,但大多是大同小异。其共同特点是结构简单,设备投资很低,容量小,操作与控制容易,脱硫效率较低。

在 1.5.3 节中已提到,无论是低压锅炉或是中、高压锅炉,其脱硫方法都可分为干法和湿法两类,或分为回收法和抛弃法两大类。湿法烟气脱硫是用液态吸收剂洗涤烟气来去除烟气中 SO_2。而干法烟气脱硫是用粉状或粒状的吸收剂来净化烟气中的 SO_2。与干法脱硫比较,湿法脱硫的设备小、投资省,占地面积也少;操作要求较低,易于控制和稳定;脱硫效率比干法高。当然湿法烟气脱硫也有其缺点,主要是存在废水处理问题,易造成二次污染及系统结垢和腐蚀;洗涤后烟气温度较低(一般低于 60℃),影响烟囱的抽力,能耗增加,易产生"白烟";洗涤后烟气带水,影响到风机的运行。

简易烟气脱硫装置的研制,力求在投资低、易控制并稳定的前提下,脱硫率尽量高,几乎都采用湿法脱硫。也有个别采用干法脱硫的。如采用粒状吸收剂脱硫,由于吸收剂要特别制作,并要经常更换,故很少采用。

吸收剂几乎都是采用石灰石、石灰及碱(较多采用 Na_2CO_3)的溶液,有的使用锅炉排污、冲渣等碱性水,或企业废碱水。加碱比采用石灰石或石灰的运行费用高得多,故采用后者的更为广泛。但采用石灰石或石灰为吸收剂,其脱硫效率略低于加碱,并且污水的处理更为麻烦。在石灰石中加入海水,浓缩制成 $Mg(OH)_2$ 浆液作为吸收剂的方法,其成本仅为用 NaOH 的一半。

脱硫一般都采用喷淋法,如在罐体中烟气下进上排,吸收剂经顶部淋水头或多孔板向下喷淋,烟气在罐体中被吸收剂洗涤。罐体底部吸收剂溶液落入水池,经泵循环使用。循环系统中应设排除沉淀物的装置(如设沉淀池或水渣分离器等),可在系统排放部分溶液,增添一些新溶液或吸收剂,以保持循环水的 pH 值在一定范围内,以防止腐蚀。也有在麻石除尘器的水中加碱,使产生脱硫的作用。这种做法,其脱硫效果不够理想,这是由于麻石除尘器中水从四周的壁向下流形成水膜,尘粒相对密度大,烟气旋转进入后,由于离心力的作用,尘粒甩向四周的水膜中,以达到除尘的效果。但烟气中 SO_2 相对密度很轻,并不易甩于四周的水膜中,而从中心排出,故脱硫效果不显著。

抛弃法脱硫是将吸收 SO_2 后的生成物直接排放;而回收法脱硫是将这些生成物加以回收利用。回收又分为两种形式:一种是将生成物形成副产品回收利用;一种是将吸收剂再生循环使用。现举两个例子:用碳酸钠为吸收剂进行脱硫时,可回收硫化氢。碳酸钠水溶液吸收 SO_2 后生成亚硫酸钠和硫酸钠,这些生成物与焦炭反应生成硫化钠,硫化钠与水和二氧化碳反应生成硫化氢作为副产品回收。另一个例子是电厂用的磷铵肥法烟气脱硫,它是将烟气流经活性炭吸附烟气中的 SO_2,吸附饱和时用稀硫酸和水洗涤,使活性炭再生而循环使用。活性炭脱硫后的烟气再用磷铵溶液进行二次洗涤脱硫。洗涤用的磷铵溶液是用洗涤的硫酸废液

(浓度为30%左右)分解磷矿粉,再将萃取得到的稀磷酸加铵中和取得。二次脱硫后的洗涤液经氧化、浓缩、干燥最后才得到固体氮磷复合肥料。

从上述两个例子可以看出回收法,无论是副产品的回收还是吸收剂的再生都是有条件的。首先是与采用何种吸收剂及其性质有关;其次是再生和回收都要经过一定的工艺进行处理,如转化、浓缩、分离、提纯、收集等,往往都要投入一些设备、药剂和人工。低压锅炉的简易脱硫,一般以 $Ca(OH)_2$ 为吸收剂,脱硫后主要形成 $CaSO_4$。吸收剂难以再生;生成物价值不高,从水中分离 $CaSO_4$,再干燥、收集、投入的设备及运行费用很可能得不偿失。因此简易脱硫几乎都采用抛弃法。

电厂锅炉的脱硫装置常为多台锅炉共用一套,低压锅炉的简易脱硫装置一般都按一台锅炉配置一台脱硫装置,而且都布置在除尘器后,引风机前。湿式脱硫后的烟气都带水,进入引风机对其运行不利,因此,湿式脱硫要考虑设置脱水装置,或称水滴捕捉装置。

最简单的脱水装置是设置一个立式罐体,其流通断面远大于烟道的断面,烟气流入此罐体后流速显著降低,细水滴借重力进行分离而下落。这种脱水器效果较差,特别是对喷雾式脱硫装置(见7.3节),水雾不易除去。有的脱水器按撞击、粘附、凝聚的原理而设置单级或双级挡水栅板;有的按过滤拦截、凝聚的原理而设置丝网。这些脱水装置对除水雾都起一定作用,前者造价便宜、阻力小,但脱水除雾效果不如后者。更精细的脱水除雾器实行两级除雾;惯性初分离和轴向旋风分离或丝网式除雾;有的设两层或多层由"∧"形玻璃纤维加强塑料挡板制成的人字形挡板除雾器。在除雾器之下设雾沫分离器,它由安装为45°的,一系列玻璃纤维加强宽挡板组成。在除雾器和雾沫分离器之间设有可以抽出的伸缩管,伸缩管上开有对穿的孔。伸缩管能转动360°。这些伸缩管能喷出高能的水流来清洗每片挡板上的沉积物,以防止过多的水滴微粒被烟气带走。

较多的简易脱硫装置都制成除尘脱硫一体化。除尘采用冲击方式——烟气以一定的速度冲击水面;或采用鼓泡式——烟气喷射至反应器的吸收液中,在吸收液上层形成鼓泡区。而脱硫都采用湿式脱硫。也有采用在同一罐体中干段旋风除尘,湿段脱硫一体化的;也有采用多管式除尘器与喷射式脱硫装置组成一体的,或干式脱硫剂与多管式除尘器并用的。

简易脱硫装置虽然样本上给出的脱硫效率都很高,但从实际应用调查,若不加碱,也不加石灰石粉或石灰的喷淋脱硫装置,其脱硫效率一般为40%左右;加吸收剂的,其脱硫效率为50%左右,一般不高于60%。脱硫效率与吸收剂的加入量有关,加入量越高,Ca/S比越大或pH值越高,效率也越高。吸收剂的加入量如果再增高,其脱硫效率可能超过60%但不经济,一般不宜采用。脱硫器测定时,往往只记载烟气原始含硫量和脱硫后含硫量,而忽略了给出吸收剂的加入量或吸收液的Ca/S比及pH值。若测定时和运行时吸收剂的加入量不同,就造成脱硫效率的差距。

燃用含硫量在1%以上的煤,单独采用简易脱硫装置,处理后的烟气含SO_2量很难达到排放标准。但是简易脱硫装置与采用燃烧前脱硫(如:洗选低硫煤、燃用水煤浆),或采用燃烧中脱硫(如燃用固硫型煤)一并使用,则能取得良好的效益,特别是对小型锅炉。第6.2节所述[实例42]、[实例43]、[实例44]都属于这种情况。

7.3 喷雾脱硫和喷雾干燥脱硫技术

7.3.1 喷雾脱硫技术

将喷淋改为喷雾,使吸收剂尽可能化成细小水滴,与烟气中的SO_2充分接触,可以提高脱硫效率。喷淋和喷雾没有明确的界限,一般直径<200μm的水滴,常被称为喷雾。喷雾越细脱硫的效率越好,喷嘴或称喷雾器的性能如何,就成为脱硫效率的关键。采用简单的喷雾器其脱硫效率可达70%左右;采用性能特别好的喷雾

器其脱硫效率可达 80%～90%，甚至更高些。

常见的喷雾器有压力式、气流式及旋转式三种，各有特点。旋转式喷雾器单个喷嘴处理量的调节范围大，对吸收液黏度的适应性最好；不需要高压泵，压力仅为约 0.3MPa，但总体动力消耗略大；平均雾滴 50～150μm，均匀性最好。但价格高，维护工作量大。这种喷雾器应布置为吸收液与烟气顺流，不宜布置为逆流或水平流动；其反应罐体应制成直径大而矮。

压力式喷雾器单个喷嘴处理量调节范围小，处理量大时要用多喷嘴。对黏度高的吸收液要提高泵的压力；需要 1～2 MPa 的高压柱塞泵，但总体动力消耗最小；平均雾滴为 50～150μm，均匀性则不如旋转式。价格较便宜，高压泵需要一定维护工作量。这种喷雾器布置方式不受限制，顺流、逆流、水平流都可以；其反应罐体直径较小而较高。

气流式喷雾器单个喷嘴的处理量有一定的调节范围并且调节方便，但处理量大时也要用多喷嘴。对高黏度吸收液要提高喷雾空气的压力；吸收液压力也为约 0.3 MPa，不需要高压泵，总体动力消耗小；平均雾滴最小约 10～60μm，但均匀性不如旋转式和压力式。价格也较便宜，维护工作量最小。常见为逆流布置，反应罐体直径也较小，并且高度比压力式喷雾器低。

很显然，提高喷淋或喷雾烟气湿式脱硫效率，应提高雾滴的细度，并且还要有很好的均匀性。雾滴细度的提高，会给水滴的捕捉带来难度。另外，增加吸收剂的用量，也就是提高洗涤水的碱度或 pH 值，可以提高脱硫效率。当然还要力争设备费用和运行费用不要太高，动力消耗不要太大。遵循这个原则，上海交通大学动力机械工程公司研制了 JTU-TL 型高效净化脱硫装置，如图 7-1 所示。将该校科研成果："航空低压喷雾技术"引用于脱硫装置中。

这种装置是在烟道内采用多喷嘴，将这些超细高分布、雾化质量很高的喷嘴布置成两列，形成两道"雾化墙捕捉区"。吸收 SO_2 后的水雾先经过撞击式脱水装置进行气水分离，含 SO_2 及烟尘的水排放至下部水池。这种超高级气水分离技术，为该校科研成果，

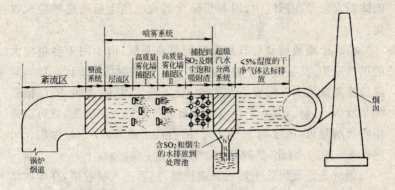

图 7-1 JTU-TL 型高效净化脱硫装置示意图

原应用于海军登陆艇燃气轮机,曾获国家科学技术进步二等奖。

考虑二氧化硫在烟道中分布的不均衡性,在捕捉区前设置了整流装置,使烟气流由紊流变为层流。此脱硫的全套装置都布置在烟道内,4~10t/h 锅炉约需 3~4m 长的烟道。

这种脱硫装置由于采用了高新技术,用清水或少量钙性水作吸收剂,可使脱硫效率达 80%~90%,而且用水量少,处理后烟气的湿度较大。这种脱硫设备是除尘、脱硫一体化装置,可除 $10\mu m$ 以下的尘粒 85% 和氮氧化物 40% 左右。但是高新技术的装置,必然会带来较昂贵的价格,并且烟道要进行特殊砌筑和增加阻力。

7.3.2 喷雾干燥脱硫技术

喷雾干燥脱硫技术是大型供热锅炉及发电厂锅炉烟气脱硫应用较广泛的一种方法。它也是用石灰溶液作为吸收剂,将吸收液喷成雾状,使之与烟气中 SO_2 充分接触而进行脱硫。其脱硫原理及喷雾方面的一些技术问题,与 7.3.1 节所述相同。

在 7.3.1 节所述为湿式喷雾脱硫,为抛弃法。喷雾干燥脱硫与它不同处有两点:一是属半干法;二是属回收法。喷雾干燥法烟气脱硫,是向高温烟气中喷入石灰浆雾滴,烟气中的 SO_2 和雾滴中的 $Ca(OH)_2$ 发生化学反应,生成化学性能稳定的硫酸钙和亚硫酸钙,以达到脱硫的目的。这些硫酸盐被高温烟气干燥而形成固体粉末悬浮在烟气中,用布袋除尘器或电除尘器将这些粉末收集。

喷雾干燥脱硫要有石灰浆液的制备系统;由于用于容量较大的供热锅炉,其装置水平也较高,石灰浆液的制备系统比一般喷雾脱硫要复杂得多。常设石灰贮仓、石灰熟化器、除渣器、贮存槽或配浆池等。因此,其石灰浆液的质量较好。因为回收法,故可以采用吸收剂较浓(浓度10%~30%)的石灰浆液,CaO/SO_2摩尔比可达1.5~2.5。因此,其脱硫效率较高,常达90%以上。

烟气先经旋风除尘器将灰尘排除,然后进入吸收塔,在吸收塔中进行喷雾干燥。吸收塔出口的烟气再经布袋除尘器或电除尘器收集硫酸盐。其采用的是液态吸收剂石灰浆液(或称石灰乳),但是没有循环水二次污染问题;其回收的产品为固态,故列为半干法。

吸收剂采用浓度较浓的石灰乳,用水量少,动力消耗也不大。石灰乳黏度较大,故一般都采用旋转式喷雾器,因此又称"旋转喷雾脱硫技术"。

很显然,喷雾干燥法脱硫设备要比简单的喷淋(喷雾)脱硫复杂得多,初投资也较大。有的容量不大的供热锅炉采用喷雾干燥法时,力求简化设备系统和降低初投资,也有不采用旋转式喷雾器而采用气流式喷雾器的,其雾化及脱硫效率略有降低。

7.4 脉冲放电烟气脱硫技术

20世纪70年代末80年代初,日本用电子束冲击气体,实验喷氨,意外发现SO_2转化为SO_3而生成硫铵。以后,美、日都将电子束改成电脉冲进行此项研究,以后我国也有几个研究所开展此项研究。原大连理工大学静电所在此基础上,设计并制造了1000~3000 m^3/h烟气的脉冲放电等离子工业化装置用于烟气脱硫,取得较为满意的运行效果,并通过国家验收。

其基本原理是在气体中进行脉冲放电,被电场加速的电子与其他分子碰撞,气体分子被激发、电离或裂解而产生大量的 OH、HO_2、O、O_3、O_2^+、O_2^-、NO_2^+ 等自由基体和活性粒子。当含有 SO_2 的烟气通过脉冲电晕放电场时,SO_2 与活性物质发生如下反应:

$$SO_2 + O + M \longrightarrow SO_3 + M$$

$$SO_2 + HO_2 \longrightarrow SO_3 + OH$$

$$SO_2 + OH \longrightarrow HSO_3$$

$$HSO_3 + OH \longrightarrow H_2SO_4$$

在有 NH_3 存在时,最终将以硫铵为产物被收集:

$$H_2SO_4 + 2NH_3 \longrightarrow (NH_4)_2SO_4$$

图 7-2 所示为这种脱硫技术工业实验流程。烟气通过静电除尘器、换热器、注入氨,经有脉冲高压电源的等离子反应器,然后通过布袋除尘器收集硫铵。脉冲高压电源的输出峰值电压为 120kV,通过调节电机的转速使脉冲重复频率在 50~200pps 范围内。脱硫所需能耗为 3~4Wh/m³,电源功率为 9~12kW。

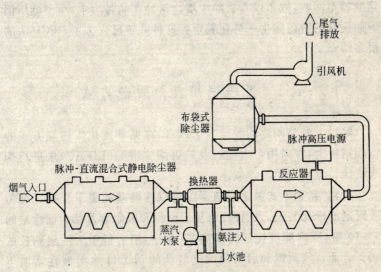

图 7-2 脉冲电晕脱硫脱硝工业实验流程

试验用的气体为燃煤锅炉烟气($O_2 = 8\% \sim 10\%$;$H_2O = 6\%$

$\sim 8\%$；$CO_2 = 8\% \sim 10\%$；$SO_2 = 1500 \times 10^{-6} \sim 2000 \times 10^{-6}$；$NO_x = 50 \times 10^{-6} \sim 100 \times 10^{-6}$）。经换热器后烟气温度为 $60 \sim 80$℃。试验结果：在烟气温度为 $65 \sim 75$℃；含水量为 $10\% \sim 15\%$；NH_3 注入量为 $1:1$（化学当量比）；总能耗 $<5\ Wh/m^3$ 的条件下，脱硫率为 $75\% \sim 80\%$，产物中 $(NH_4)_2SO_4$ 的含量$>80\%$。此装置同时有脱硝功能。

这种脱硫技术被称为脉冲电晕等离子体化学法（PPCP）。它是干法脱硫，能回收价值较高的副产品硫铵，而且还可以脱硝。但要设置静电除尘器等离子反应器、布袋除尘器等价格较高的设备，初投资费用供热锅炉难以承受。

为了降低初投资，有的厂家研制了"脉冲放电等离子体湿式脱硫除尘器"。它不注入 NH_3，而用石灰液；采用了脉冲放电等离子反应器，使生成物为稳定的硫酸钙，而不是大部分为不稳定的亚硫酸钙；不设电除尘器，而设泡沫乳化洗涤器和电脱水器，改为湿式；硫酸钙不回收，故不设布袋除尘器。这种产品是为中、小型低压锅炉而设计的脱硫除尘一体化装置。这种装置已失去了 PPCP 法的很多特点。

7.5 低压锅炉其他脱硫方法

除以上各节阐述的脱硫方法以外，在循环流化床燃烧方式的低压锅炉上，常采用炉内喷钙及炉后烟气增湿（LIFAC）法进行烟气脱硫。这已在第五章叙述。

所谓"新型干式吸附脱硫器"，是以含羟基的离子交换纤维为吸附剂的净化装置。这种纤维比表面积和吸附容量都为活性炭的 $8 \sim 10$ 倍，吸附速度比活性炭高 $2 \sim 5$ 倍，阻力低于活性炭颗粒的 50%。而且吸附饱和后可用浓度较低的 NaOH 水溶液在常温下再生。但是这种纤维供应渠道不畅，因而目前鲜见使用。

有些烟气脱硫采用加催化剂的方法，如：钒触媒法、稀硫酸催化氧化法等。还有些方法都大同小异；有的采用不同的吸收剂，如除了采用石灰乳液和碳酸钠外,有采用 NaOH、或所谓双碱金属[NaOH 及 Ca(OH)$_2$]的;有采用亚硫酸钠或亚硫酸钾的;有采用氨吸收法的;有采用氧化镁、活性氧化锰或氧化铝的;有采用碱性炉渣吸收或焦炭吸附的等等。有的在设备上有所变化,如采用旋风、惯性、洗涤混合一体的;有旋涡式烟气净化器等等。其原理及技术问题都很相似,就不再一一阐述。

7.6 吸收剂循环利用的脱硫技术

7.6.1 循环硫化床烟气脱硫技术的发展及简介

要提高烟气脱硫装置的脱硫效率,常需增加固硫剂的用量,但固硫剂用量增加后,其利用率则降低。例如,以石灰石或石灰为固硫剂时,增加 Ca/S 比可提高脱硫效率,但 CaO 的利用率下降。如何将多余的 CaO 回收重复利用来解决这一矛盾,就是吸收剂循环利用脱硫技术的基本思路,它一般适宜用于中压及次高压锅炉。

德国鲁奇(Lurgi)公司开发了循环流化床锅炉后,20 世纪 80 年代后期,又把循环流化床技术引用到烟气脱硫的领域,研究开发了干式循环流化床烟气脱硫技术——CFB-FGD(Circulating Fluidied Bed-Flue Gas Desulfurization)。其工艺流程如图 7-3 所示。

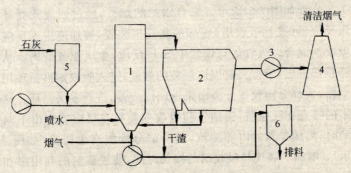

图 7-3 干式循环流化床烟气脱硫工艺流程
1—CFB 反应器;2—有预除尘装置的静电除尘器;3—引风机;
4—烟囱;5—石灰储仓;6—灰仓

石灰与循环床料混合进入反应器,藉烟气悬浮。没有喷浆系统及喷嘴,只向反应器中喷水降温。多余的 CaO 被收集,重新送入反应器而被多次循环利用。烟气在反应器中停留时间约 3 秒钟,但石灰在反应器中停留时间累计可达 30 分钟以上,使石灰利用率可达 99%,在 Ca/S=1.2~1.5 时,脱硫率可达 90% 以上。其副产品可以综合利用,但生成物亚硫酸钙比硫酸钙多,亚硫酸钙需经处理成为稳定的硫酸钙,才宜于回收。

也有采用半干式循环流化床烟气脱硫的,例如丹麦 FLS 公司开发的气体悬浮吸收技术——GSA(Gas Suspension Absorber)脱硫技术,其工艺流程如图 7-4 所示。从锅炉排除的烟气进入反应器底部,与雾化的石灰浆混合,反应器内的石灰浆在干燥过程中与烟气中的 SO_2 进行中和反应。含有脱硫灰和未反应完全的 CaO 在旋风分离器中分离,其中约 99% 的床料送回反应器,只有约 1% 的床料作为副产品的脱硫灰从系统中排除。

这种工艺采用高倍率(约 100 倍)循环,以提高吸收剂的利用率。流化床床料浓度高,约为普通流化床床料浓度的 50~100 倍。Ca/S=1.2 的情况下,脱硫率可达 90% 以上。

在德国鲁奇公司研究开发的基础上,德国的 Wulff 公司又开发出回流式烟气循环流化床脱硫技术(RCFB 或 RCFB-FGD)。其工艺流程如图 7-5 所示。来自锅炉的烟气,经过回流式循环流化床反应器(或称吸收塔)底部的文丘里装置,被加速进入反应器与吸收剂混合。吸收剂与烟气中 SO_2 反应,生成亚硫酸钙。从反应器顶部排出,带有大量固体颗粒的烟气,进入吸收剂再循环用的除尘器,大部分颗粒被分离出来返回反应器,进行多次循环。这种技术的特点在反应器,当烟气和吸收剂颗粒在反应器中由下向上运动时,形成强烈的内部湍流,使一部分烟气产生回流(如图 7-6 所示),增加了烟气与吸收剂的接触时间,使脱硫剂的利用率和脱硫效率都得到提高。同时还可以降低反应器出口烟气的含尘浓度。此外,烟气在进入反应器底部时要喷入一定量的水,以降低烟温和增加烟气中水分的含量,也是提高脱硫效率的关键。

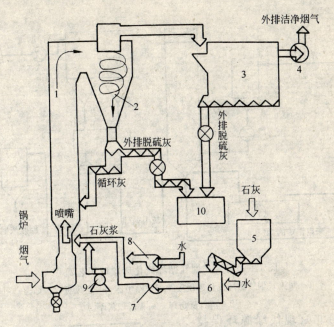

图 7-4 气体悬浮吸收技术的工艺流程
1—反应器;2—旋风分离器;3—除尘器;4—引风机;5—石灰仓;
6—石灰浆制备槽;7—石灰浆泵;8—水泵;9—压缩机;10—脱硫灰仓

RCFB 脱硫技术,不仅把循环流化床锅炉外部循环技术引入,而且也引入了"内部循环"技术,一般内部回流(所说的"回流",实际上就是"内部循环")的固体物量为外部再循环量的 30%～50%。因此,RCFB 脱硫技术又被称为"双循环流化床脱硫技术"。

我国近年来对循环流化床烟气脱硫技术进行推广、研究和开发取得不少成就,并有所发展。东南大学设计建造了中试实验台,进行实验研究;清华大学在实验台上进行喷石灰浆实验研究,并发明了"干式脱硫剂床料内循环的烟气脱硫方法及装置",取得国家发明专利;龙潭电力环保公司与丹麦 FLS 公司合作,在云南小龙潭电厂设计建造 GSA 装置用于 100MW 机组;中国环境科学研究

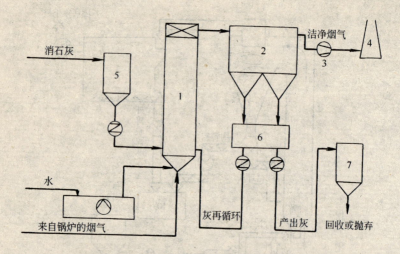

图 7-5 回流式烟气循环流化床脱硫工艺流程
1—回流式烟气循环流化床反应器；2—除尘器；3—引风机；4—烟囱；
5—消石灰仓；6—灰斗；7—灰库

院与北京现代绿源环保技术公司进行"35t/h 锅炉半干半湿法烟气脱硫装置（系统）产业化研究"；广州中绿源环保公司为无锡化工厂一台 65t/h 燃煤锅炉设计建造了一套循环流化床烟气脱硫装置，已正式投入运行；山东大学研究开发的"双循环流化床烟气悬浮脱硫技术"，已取得国家实用新型专利，在中试实验研究的基础上，为某热电厂的一台 75t/h 燃煤锅炉设计建造这种装置，试运行后已通

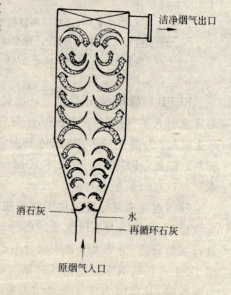

图 7-6 回流式烟气循环流化床反应器

过鉴定等。以下将选择部分内容加以介绍。

7.6.2 35 t/h 锅炉半干半湿法烟气脱硫装置

中国环保科学研究院和北京现代绿源环保技术公司研究的这种技术,先在中日中心公害部 2t/h 锅炉上装设进行试验。在此基础上,以某热电厂 35t/h 锅炉(UG-35/3.82-450),抛煤机链条炉排,为示范工程[实例 52]进行工业应用研究,其脱硫工艺流程如图 7-7 所示。此示范工程的工艺和设备有以下特点:

(1) 在试验工艺中烟气是从脱硫塔底进入,由于塔内无气体分布装置,CaO 粉在烟气入口的对面形成堆积,不仅影响 CaO 粉的充分利用,而且在烟气预增湿的情况下,这些部位易结垢。因此在示范工程改为烟气从塔顶进入,在进塔前增加烟气预湿喷水系统,喷水系统采用高压水泵。

(2) 烟气改为从塔顶进入后,喷嘴与烟气是顺流方向,消除了喷嘴堵塞现象;增加了塔内除尘效率,并使塔底出灰设备易于布置。

35t/h 锅炉脱硫除尘主要技术经济指标　　　　表 7-1

序号	项目名称	指标	备注
1	烟气体积流量	$60415 Nm^3/h$	
2	烟气温度	141℃	
3	脱硫前烟气中 SO_2 排放浓度	$1071 mg/m^3$	$57068 Nm^3/h$
4	脱硫后烟气中 SO_2 排放浓度	$235 mg/m^3$	$50094 Nm^3/h$
5	脱硫效率	80.7%	
6	SO_2 排放量	11.77 kg/h	
7	除尘后烟尘排放浓度	$188 mg/m^3$	
8	系统除尘效率	97.2%	
9	Ca/S	0.95～1.0	
10	生石灰(49.18%)用量	$121 kg/m^3$	
11	系统用水量	2.2 t/h	锅炉排污废水
12	系统电耗	9 kW/h	
13	总投资	130 万元	
14	年运行成本	20.89 万元	
15	脱硫成本	348(308)元/吨 SO_2	

注:括号内的数均为考虑节约污水处理后的脱硫成本,对于灰中含煤量很低,且有废热蒸汽的锅炉,脱硫成本为 396(357);无废热蒸汽的锅炉,脱硫成本为 540(500)元/吨 SO_2

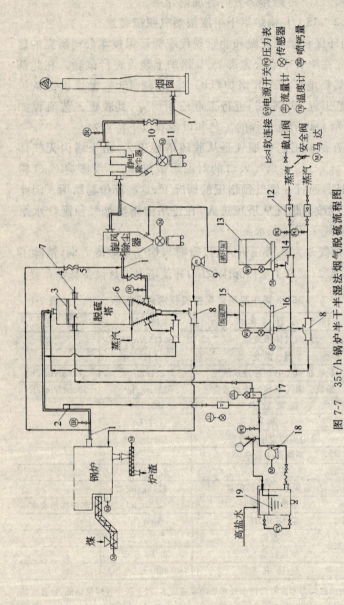

图 7-7 35t/h 锅炉半干半湿法烟气脱硫流程图

1—尘、SO_2 取样口(4处);2—烟道内喷水雾;3—烟气分布器;4—烟道内喷水法兰(5个);5—水喷嘴;6—大灰块破碎盘;7—旁路系统;8—文丘里管;9—风机(锅机配备);10—星形给料器;11—灰斗;12—蒸气流量计;13—脱硫灰粉仓;14—定量螺旋给料机(脱硫灰);15—脱硫剂粉仓;16—定量螺旋给料机(脱硫剂);17—水流量计;18—高压给水泵;19—储水池

⋈—软连接 ⓢ—电源开关 ⓟ—压力表
⋈—截止阀 ⓕ—流量计 ⓢ—传感器
⋈—安全阀 ⓣ—温度计 ⓢ—喷射量
Ⓜ—马达   蒸汽

(3) CaO 粉和来自旋风除尘器的脱硫灰,采用蒸汽输送至塔顶部,使 CaO 的输送、消化一体化,提高了 CaO 粉和脱硫灰中 CaO 的利用率。同时在高温蒸汽作用下,使粉煤灰中的碱性物质激活,大大减少了 CaO 的用量。

(4) 增加了烟温与喷水量的自动控制系统,使烟气脱硫效率稳定可靠。

(5) 在制粉系统中增加了除铁设备,使输送设备运行稳定可靠。

这套设备主要技术经济指标如表 7-1 所示。表 7-2 为北京环科除尘设备检测中心的测试结果。

7.6.3　65t/h 锅炉循环流化床烟气脱硫装置

广州中绿环保公司为无锡化工集团热电厂新建的 65t/h 锅炉上设计承建了循环流化床烟气脱硫装置[实例 53]。锅炉是无锡锅炉厂生产的 UG-65/3.82-M10 型号锅炉;抛煤机链条炉排;燃用二类烟煤(A_{II});最大蒸发量 80t/h;负荷变化率每分钟 5%;烟气温度 170℃,最高 200℃;SO_2 含量一般 800mg/Nm^3(7% O_2),最大 2500mg/Nm^3(7% O_2)。其脱硫系统工艺流程如图 7-8 所示。锅炉排出的烟气直接进入流化床反应塔,作为脱硫剂的电石渣浆经浆液泵、雾化喷嘴喷入塔体。烟气与高浓度的脱硫剂在塔体内反应后的烟气经预除尘器及电除尘器净化后,由引风机从烟囱排出;除下的物料大部分由输送槽返回流化床循环使用。由无锡化工集团乙炔厂提供的电石渣浆从脱硫浆池,用离心泵打入双相流喷嘴,在压缩空气作用下浆液被雾化。同时用调整液喷嘴在脱硫塔中喷水,控制烟气温度,使在最佳温度下运行。烟气净化、吸收剂循环、脱硫剂供给系统均设有自动控制回路监控。

表 7-3 所示,为这套装置脱硫除尘的监测结果。监测结果表明,该装置在 Ca/S 比为 1.3~1.5 时,脱硫率可达 90%~95%,同时烟尘达标排放,具有较好的环保性能。

35t/h 锅炉脱硫除尘测试报告　　　　表 7-2

报告编号:环认(2002)－04　　　　　　　　测试日期:2002 年 3 月 15 日

实测负荷:34t/h;　　　负荷率:97.1%　　　　燃料消耗量:4760kg/h
燃料应用基硫分 Sar(%):0.89

测试项目		脱硫塔前	脱硫塔后 电除尘器前	电除尘器后
测点烟道截面积(m^2)		2.000	2.000	2.000
测点烟气温度		141	79	85
烟气中 O_2(%)		12.5	13.0	12.3
测点过剩空气系数(α)		2.5	2.6	2.4
烟气含湿量(%)		4.0	4.5	4.5
测点平均静压(Pa)		－1800	－2100	－2380
测点平均动压(Pa)		66.6	44.3	65.8
测点烟气平均流速(m/s)		12.61	9.49	11.67
热态烟气量(m^3/h)		90792	68328	84024
标态烟气量(m^3/h)		57068	50094	60415
烟尘	实测烟气排放浓度(mg/m^3)	3990	8246	188
	折算烟气排放浓度(mg/m^3)	7125	15314	322
	实测烟尘排放量(kg/h)	227.70	413.08	11.36
二氧化硫	实测 SO_2 排放浓度(mg/m^3)	1071	235	306
	折算 SO_2 排放浓度(mg/m^3)	1913	436	525
	实测 SO_2 排放量(kg/h)	61.12	11.77	18.49
脱硫器阻力(Pa)		322		
脱硫器脱硫效率(%)		80.7		
两级串联除尘效率(%)		97.2		
烟气黑度(林格曼)		<1 级		

注:1.脱硫塔后测点风量比脱硫塔前测点风量低,说明烟气进脱硫塔前,一部分烟气直接进入电除尘器。
2.电除尘器后风量及 α 值与脱硫塔前后未同步测定。

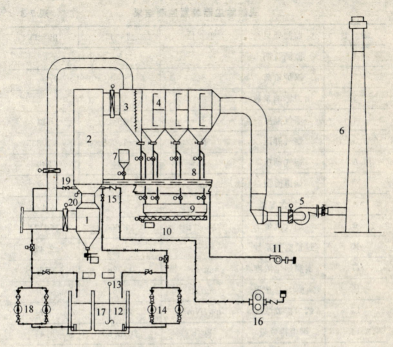

图 7-8 65t/h 锅炉循环流化床烟气脱硫系统工艺流程图
1—吸收塔底仓；2—吸收塔；3—预除尘器；4—电除尘器；5—引风机；6—烟囱；
7—启动灰仓；8—返料气化斜槽；9—中间灰仓；10—螺旋输灰机；11—反料风机；
12—脱硫剂浆池；13—搅拌器；14—脱硫浆泵；15—脱硫浆喷嘴；16—雾化风机；
17—调整液池；18—调整液泵；19—调整液喷嘴；20—塔底振动器

7.6.4 干式脱硫剂床料内循环的烟气脱硫装置

"干式脱硫剂床料内循环的烟气脱硫方法及装置"是清华大学获得国家发明专利的项目（专利号：97103839.2；公告号 CN1087643C）。其装置如图 7-9 所示。图 7-9(a) 为其结构示意图；图 7-9(b) 为图 7-9(a) 的 I-I 剖视图；图 7-9(c) 为图 7-9(a) 的 II-II 剖视图。图 7-9(d) 为此发明的另一种实施例的结构示意图。

烟气由入口 14 经下部风箱 11，再经布风装置 12 进入循环流化床反应器 1。由反应器下部 8 向床料中喷入石灰石粉末；从 9 向床料喷水。也可从 9 喷入石灰浆。烟气与脱硫剂反应后从顶

脱硫除尘器装置监测结果　　　　　　　表 7-3

编号	监测项目	单位	进口	出口
1	监测日期		2002/7/14	
2	锅炉负荷	%	100	
3	出力影响系数	—	1.0	
4	烟气温度	℃	194	117
5	烟气静压	Pa	−1.058	−2.333
6	烟气动压	Pa	164	240
7	烟道面积	m^2	4	3.2
8	烟气含湿量	%	3	4
9	烟气流量	Nm^3/h	140606	150174
10	过量空气系数	—	2.38	2.47
11	实测烟尘浓度	mg/m^3	14328	56
12	实测 SO_2 浓度	mg/m^3	396	23
13	烟尘排放浓度	mg/Nm^3	20095	77
14	烟尘排放量	kg/h	2013.08	8.41
15	SO_2 排放浓度	mg/Nm^3	555	32
16	SO_2 排放量	kg/h	27.73	3.45
17	Ca/S 摩尔比	—	1.3～1.5（采用电石渣）	
18	除尘效率	%	99.58	
19	脱硫效率	%	93.79	

部排烟出口 15 流入分离器（或除尘器）2，未反应完全的脱硫剂颗粒被分离从外部回送装置 2 送返反应器的密相区。

反应器的上部装有气固分离装置 3，是这种装置的特点。气固分离装置由 6～24 个旋流片（图 7-9(b)中之 5)组成，旋流片的仰角一般为 15°～30°，通常为 25°。此气固分离装置的烟气流动阻力通常不超过 300Pa。由于喷入的石灰浆或水在硫化床中蒸发很快，床料上下循环很快，床料整体保持为干态。固体颗粒在气固分离装置中，由于惯性和撞击旋流片，大部分被分离出来，直接沿反

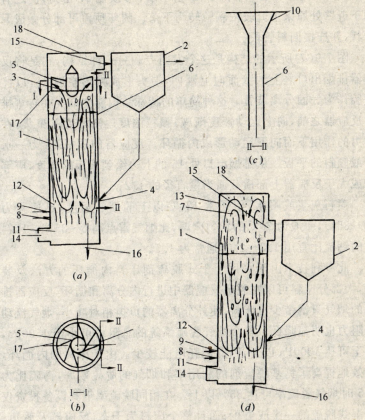

图 7-9 干式脱硫剂床料内循环烟气脱硫装置
(设备标号按发明专刊说明书)
1—流化床反应器；2—分离器；3—气固分离装置；4—外部回送装置；
5—旋流片；6—回料管段；7—疏相区；8—喷入脱硫剂粉末；9—喷水(或石灰浆)；
10—漏斗；11—风箱；12—布风装置；13—帽形空腔；14—烟气入口；15—排烟出口；
16—排渣口；17—环形顶盖；18—顶板

应器的近壁区域，或沿专设的漏斗 10 和回料管段 6(可装在反应器之内或之外)回送到流化床的密相区，而形成床料在反应器中的内循环。

旋流片的直径为反应器上部当量内径的 0.7～0.9 倍，通常为

0.8倍。旋流片和反应器的壁面之间用环形顶盖17密封,使之有利于近壁处原来上升较浓颗粒转为下落。圆环顶盖可部分做成漏斗状,并连接回料管段。

图7-9(d)所示的结构是这个发明专利另一种结构,它是将反应器排烟出口之上的壁面向上延伸,端头形成帽形空腔13,以此空腔作为气固分离装置。这种简单的特殊结构能使烟气在转弯排出反应器之前,向上运动速度渐减,颗粒浓度逐渐增大并聚集,在重力的作用下而向下运动形成内循环。反应器的顶板18为一水平或倾斜的平板。从排烟出口处15的上边缘到顶板的高度,应等于或大于反应器上部横截面当量直径的1/2。

喷石灰浆或喷水,使通常120℃以上的烟气温度,迅速降为50～85℃,一般为70℃的均匀床温,比烟气露点高5～35℃。床料中的钙硫比宜用1.2～2.0,通常为1.5。

此专利技术由于采用了干式脱硫剂床料内循环的方法及装置,大部分床料可以在脱硫反应器中进行内分离和循环,反应器排出的烟气只携带少量床料,使外分离器的负担相对减小,烟气流动总阻力也明显降低。整个烟气脱硫系统的总阻力可小于1500Pa,甚至可达1000Pa以下,因此消耗电能较少。由于床料的内循环,有效地提高了钙基脱硫剂的利用率和烟气的脱硫效率,钙硫比为1.5时烟气脱硫率可达85%以上。在相同脱硫率下其设备投资仅为湿式脱硫的一半或更少;而且整个床料为干态,反应器及管道,不会像在湿法或半干法脱硫系统中那样易被腐蚀。

7.6.5 双循环流化床烟气悬浮脱硫技术

DCFBS-75型双循环流化床悬浮脱硫装置是山东大学研制开发的锅炉烟气脱硫装置。通过理论研究;在该校1t/h蒸汽锅炉上进行中试;并以某热电厂75t/h煤粉炉(BZWB75/5.3-M)为示范工程[实例54],进行工业性试验并通过技术鉴定。

此装置采用两级分离、内外双重循环流化床烟气悬浮脱硫,主要由脱硫塔本体、制浆系统和控制系统等三部分构成。是以石灰为脱硫吸收剂的半干法脱硫装置。设计烟气处理量为140000m³/

h。从文丘里喉口到脱硫塔体顶部的高度为 26m，整个脱硫反应塔装置是双塔体对称结构，两塔的中心距离为 7.07m。脱硫反应塔为筒体结构，筒体直径 2.23m。

烟气由烟道进入脱硫塔，经文丘里喉部进入脱硫塔反应器主体，将脱硫剂及脱硫灰流化。在脱硫反应塔顶部设有一级分离器对高含灰烟气进行初步分离，分离出的脱硫灰靠重力作用直接返回脱硫反应塔，形成物料的内循环。由于脱硫灰的内循环使文丘里上方的脱硫反应塔内形成很高的脱硫灰浓度，故称该段反应塔体为浓相脱硫反应区。石灰浆的雾化，采用藉压缩空气进行雾化的气流式喷雾器。

从左、右两个塔体流出，经初步分离的烟气流入旋风分离器进行第二次气固分离，烟气再经静电除尘器，而后由引风机，经烟囱排入大气。

石灰浆液的制备系统，如图 7-10 所示。将石灰粉由斗式提升机 1 加至调浆罐 2，罐内设有搅拌器。制成的浆液由输浆泵 3，流经旋液分离器 4，贮存于贮浆罐 5，贮浆罐内也设有搅拌器。浆液由柱塞泵 6，经浆液过滤器，流至脱硫塔。8 为工业水箱，9 为工业水加压泵，10 为空气压缩机，11 为贮气罐。

控制系统设置三个主要的自动控制回路：

(1) 根据进口烟气的 SO_2 浓度及烟气量控制石灰浆给料量，保证达到所需的钙硫比，并用烟气出口的 SO_2 来校正或微调；

(2) 根据烟气出口温度直接调节喷水量，使反应温度接近露点达到最佳反应状态，采用离心回流式调节喷嘴，通过调节回流水压来调节水量；

(3) 根据脱硫塔的压差，通过控制脱硫灰的回送量(或排走量)来调节脱硫塔内的脱硫灰量(固气比)。

这种装置的特点是脱硫灰的内循环和外循环采用两级惯性分离串联的气固分离。这种方案大幅度地提高总分离效率。

以床内灰浓度与进口灰浓度之比称为循环倍率 n，则分离效率 η 与循环倍率的关系为：

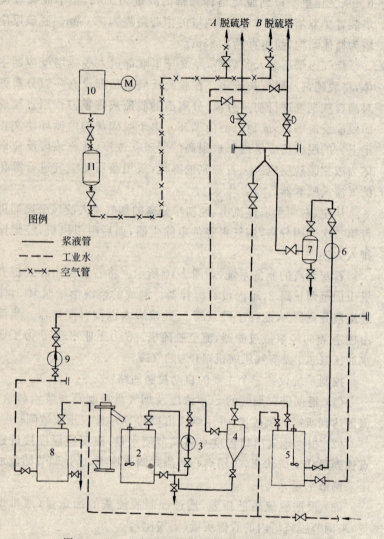

图 7-10 75t/h 锅炉双循环流化床脱硫制浆系统
1—斗式提升机；2—调浆罐；3—输浆泵；4—旋液分离器；5—贮浆箱；
6—柱塞泵；7—浆液过滤器；8—工业水箱；9—加压泵；10—空气压缩机；
11—贮气罐

$$\eta = (n-1)/n$$

若初级(一级)分离效率为 η_1,二级分离效率为 η_2,则总分离效率 $\eta = \eta_1 + (1-\eta_1)\eta_2$。

若脱硫塔进口灰浓度为 C_i,则脱硫塔内灰浓度为 nC_i。对于煤粉炉 C_i 约为 30g/m^3,则总分离效率与循环倍数及塔内灰浓度的关系,可以计算得表 7-4。

分离效率与循环倍率、塔内灰浓度的关系　　　表 7-4

单级分离效率	70%	80%	90%
总分离效率	91%	96%	99%
循环倍率	10	25	100
塔内灰浓度(g/m³)	300	750	3000

单级惯性分离器的分离效率一般可达 70%~80%,而此装置实测塔内灰浓度约为 800 g/m^3,说明总分离效率可达 96% 以上。这也对除尘有利,脱硫装置运行前,静电除尘器后排放浓度在线指示值约为 250mg/m^3;脱硫装置运行后此在线指示值约为 50mg/m^3。

在流化床内固体颗粒与烟气之间的相对速度较大,床内颗粒物混合十分强烈,吸收剂颗粒连续地发生碰撞磨蚀,不断地去除其表面的反应产物,连续地暴露出新的反应表面,使脱硫剂充分反应;同时,通过脱硫剂的多次循环,使脱硫剂与烟气接触时间增加,一般为 30 秒以上,也有利于提高脱硫剂的利用率。

采用雾化喷入石灰浆液,增加了脱硫剂的活性,而且能在接近烟气绝热饱和温度下运行。当烟气接近绝热饱和温度时,脱硫效率及钙的利用率可以提高。常规的喷雾干燥法不能在反应器出口烟温与烟气的绝热饱和温度之差(称为烟气过饱和温度——AST)小于 11℃ 的条件下运行,否则会使颗粒粘团。但在悬浮反应塔内,传热与传质得到加强,使喷入的石灰浆得到彻底的干燥,可在烟气过饱和温度(AST)较低得条件下安全运行,本工艺设计 AST≈5℃。

本装置流化床的形成是采用文丘里结构。在文丘里喷管高速冲射下,脱硫灰流化并与烟气均匀混合,烟气通过文丘里喷管后降速,而脱硫灰颗粒仍以高速惯性冲射,气固存在速差,强化传质,提高二氧化硫的吸收率。

从上述各因素,都使脱硫效率和脱硫剂的利用率得以提高。此装置设计的钙硫比为 $1.1\sim1.3$。在 Ca/S 为 $1.1\sim1.3$,AST=$8℃$时,脱硫效率达 90% 以上。表 7-5 所示为此示范工程,当大气压为 101200Pa;Ca/S=$1.2\sim1.3$ 的监测结果。

脱硫效果的监测结果 表 7-5

测试单位:山东省环境监测中心　　　　　　　　　测试日期 2001.7.2

测试项目	单位	脱硫装置前	脱硫装置后
二氧化硫排放浓度	mg/Nm^3	4116	310
二氧化硫排放量	kg/h	369	28.3
脱硫效率	%	92.3	

运行中注意,要避免脱硫系统中漏风,否则脱硫效率会下降,漏风率越大,脱硫效率降低得也越多。

此装置烟气流化床的形成采用文丘里结构而不采用布风板结构,这就避免了布风板阻力大、动力消耗高的严重缺点。文丘里流化结构简单,阻力小,动力消耗低。并且还采用多管文丘里装置(一般为 $2\sim6$ 管),通过调整文丘里管的运行数量来适应负荷的变化。此装置设计负荷适应 25% 的变化,若变化超出 25% 时,通过调整文丘里管来适应。

此示范工程是在原有静电除尘器的 75t/h 锅炉上装置脱硫设备,以下脱硫装置投资费用及运行费用的估算,都不包括静电除尘器的投资及运行维护费。

投资费用的估算列于表 7-6。不包括电除尘器,每蒸吨 4.0 万元。每千瓦 130 元。

钙硫比按 1:2,脱硫效率按 90%;生石灰粉价格按 170 元/吨;电费按 0.45 元计,不包括电除尘器的耗电、石灰消耗、人工、维护及折旧(按 20 年寿命,平均折旧)费用总计 693620 元,脱硫成本估算为 344 元/吨 SO_2。

投资费用估算 表 7-6

项　目	金　额(万元)
脱硫塔建设费	130.00
附属设备及系统费用	40.00
二氧化硫、烟尘在线检测系统费用	80.00*
仪器、仪表及控制系统费用	30.00
设计调试	20.00
合　计	300.00
每蒸吨(kW)价格	4.0(130元)

注：* 关键部件进口 80 万元，国产 40 万元。

主要参考文献

1. 张慧明.中国燃煤锅炉烟气脱硫技术概论.冶金部二氧化硫处理技术交流会论文,1997
2. 解鲁生.降低供热锅炉 SO_2 污染的对策.中国城镇供热协会技术委员会,(年会论文),2001
3. 赫吉明,王书肖,陆永琪.燃煤二氧化硫污染控制技术手册,化学工业出版社:环境科学与工程出版中心,2001
4. 全国环境污染治理研讨会(烟气脱硫)论文集,1995.11.29～12.2(徐州)
5. 上海交通大学动力机械建筑工程公司.JTU-TL 型高效脱硫净化装置
6. 张彦彬.脉冲放电烟气脱硫技术工业化试验的研究进展.环境科学进展,1997.12(增刊)
7. 中国环境科学研究院,北京现代绿源环保技术有限公司.35t/h 锅炉半干半湿法烟气脱硫装置(系统)产业化研究报告,2002
8. 黄震等六人.首套国产循环流化床烟气脱硫装置投入运行.建筑热能通风空调第二十卷,2001(第 1 期)
9. 清华大学.干式脱硫剂床料内循环的烟气脱硫方法及装置发明专利说明书(ZL97103839.2,CN1087643C)(2002)
10. 山东大学,青岛热电集团有限公司.双循环流化床烟气悬浮脱硫技术鉴定会鉴定材料,2001

第八章 改善传热及水质处理

提高锅炉热效率达到节能的目的,不仅要改善燃烧使燃料的化学能充分变为热能,而且要把这些热能更有效地传给工质,也就是要改善传热。工质吸收的热量越多,排烟带走的热量就越少,排烟热损失 q_2 就越小。

要使工质吸收的热量多,在设计锅炉时,要给予足够的受热面,并且要合理地分配与布置受热面以提高传热系数,在运行和维护中防止管束间隔墙损坏而烟气短路都很重要。同时还应保持受热面内部和外部净洁以减少热阻。改善传热降低 q_2 是节能的重要途径。

8.1 受热面合理布置及避免烟气短路

8.1.1 受热面的合理分配与布置

设计锅炉时不仅要有足够的受热面,而且要合理地分配与布置受热面非常重要。辐射受热面的受热强度远大于对流受热面;锅炉对流管束中是近于饱和温度的锅水,而烟气流过对流管束,温度越来越低,过多的布置对流管束,其末端温差减小,传热效果降低。因此,常在锅炉尾部设置省煤器及空气预热器等尾部受热面。辐射受热面、对流管束及尾部受热面三者的分配是否恰当,是影响锅炉传热效率及经济性的重要因素。

锅炉对流管束受烟气冲刷,其排列方式(顺排或错排)、流动方式(顺流或逆流)以及与烟气冲刷的方式(横向冲刷或纵向冲刷)对放热系数都有很大的影响。当然,管束的布置还与流动阻力及水循环等因素有关。

有的锅炉还采用螺纹管等增强传热。这些问题主要与锅炉设计人员有关,于此不多赘言。

8.1.2 防止隔墙损坏造成烟气短路

在锅炉对流管束间常用砖或耐火材料砌成隔墙,使烟气沿一定的路线流动,保持与管束正常地冲刷。若这些隔墙损坏,就会造成烟气短路,使一部分受热面得不到冲刷,而传热量减少,烟气离开受热面的温度增高,q_2 热损失增加。

某单位[实例 55]的 4 t/h 快装三回程锅炉,就曾发生第一回程末炉膛流出热烟气流向第二回程的隔墙损坏,热烟气由第一回程直接短路流至引风机,排烟温度至少有 700～800℃,而将引风机烧坏变形。

在检修过程中应注意,隔墙损坏要及时修理。

8.2 保持受热面的内部洁净

8.2.1 加强水处理防止结垢及腐蚀

低压锅炉应遵守《低压锅炉水质》(GB 1576—1996)的规定采用给水软化处理,热电厂用中压锅炉或次高压锅炉则应遵守《火力发电机组及动力设备水汽质量标准》(GB 12145—89)的规定,给水进行脱盐处理。否则锅水在受热面水侧结垢或腐蚀,影响传热并易发生事故。目前,不设水处理设备的锅炉房鲜见,但供热锅炉房水处理运行管理不当,仍有结垢现象产生的却为数不少。

热网失水过多,也会影响水处理工作。某热力公司[实例 56]热水锅炉房设置了钠离子交换软化设备,水质控制也较严格,但仍严重结垢。实地调查,原因在离子交换器出水量不够,同时补给未经处理的生水。锅炉房技术人员及水处理工都认为设计院设计的离子交换器容量过小,是根本的原因。经核算,离子交换器是按正常最大补给水量设计的,而软水量不够的原因在于外网失水过多,粗略估算失水率远大于 5%。

有的锅炉房锅炉结了垢也不清除,致使垢越结越厚,越结越快,不仅影响传热,而且造成事故。

现在市场上有各种防垢剂、阻垢剂。这些药剂种类繁多,成分及效果各异,但较多为缓蚀剂及分散剂的配合,其阻垢性能不如防止腐蚀性能显著。《低压锅炉水质》(GB 1576—1996)明文规定额定蒸发量小于等于 2t/h,且额定压力小于 1.0MPa 的蒸汽锅炉;及额定功率小于 2.8MW 的热水锅炉,才允许采用锅内加药处理。因此若停止离子交换器,单纯用防垢剂或阻垢剂,应该慎重。

某热力厂[实例57]的蒸汽锅炉采用炉外软化处理,同时加入水质稳定剂、除氧剂和凝水缓蚀剂,以抑制腐蚀,取得良好的效果。

水中含铁易生成磷酸亚铁、磷酸亚铁钠、硅酸亚铁、含铁的纤维蛇纹石、钠辉石等水垢或水渣,而腐蚀产物赤铁矿与磁铁矿本身也是水渣或水垢的组成部分。因此,在软化或脱盐的同时还应除氧以防止腐蚀。

8.2.2 保持凝结水及回水洁净

蒸汽管网的凝结水中常含有铁及微小的悬浮物和胶体,大多都能穿过普通的粒状滤料过滤器,热电厂对凝结水质量要求严格,采取特殊的过滤器过滤,甚至采取混合床净化装置,投资较高、操作繁杂,供热锅炉不常采用。供热锅炉只需针对凝结水的水质,进行简单处理,使其达到低压锅炉给水水质标准即可。

热水管网的回水,特别是直供系统的回水,所含的杂质多为散热器及管网中存在的污物及腐蚀产物,一般要求管网上的除污器性能可靠和经常冲洗即可。

8.2.3 锅炉和热网的冲洗及加强锅炉排污

锅炉及热网竣工时要冲洗,但有些单位不严格执行,或虽已冲洗,但不符合要求,如水力冲洗流速远低于 1m/s,虽已冲洗但管内仍存有污垢杂物,运行后有可能带至受热面内。

锅炉内的水渣一般都可通过排污排出,若不注意加强排污,水渣粘着在管壁上,受热后仍有生成二次水垢的可能。故加强排污也是保持受热面内部净洁的一项措施。

8.3 离子交换软化及除盐

8.3.1 离子交换软化

供热锅炉房及热电厂的给水软化、除碱、除盐,传统的方法都是采用离子交换法,简称 IE(ion-exchange)。其交换剂一般都用树脂,失效后用还原剂进行还原或称再生。

供热锅炉房都采用低压锅炉,按水质要求一般仅进行软化,特殊水质则进行软化同时除碱。软化都用钠型阳树脂,水流过树脂后水中 Ca^{2+}、Mg^{2+} 都被置换成 Na^+ 而被软化。树脂失效后再用食盐溶液再生。若需软化同时除碱,则采用氢型阳树脂及钠型阳树脂,进行串联、并联,或综合在同一个交换器中进行软化。经钠离子交换的水其碱度不变,而经氢离子交换的水呈酸性。因此经氢——钠离子交换的水,酸碱中和可起除碱作用。也可采用铵——钠离子交换,流过铵型树脂的水中 Ca^{2+}、Mg^{2+} 都被置换成 NH_4^+,并不呈酸性,但受热后铵盐分解放出氨气(NH_3),水呈酸性,因而也可以软化同时除碱。氢型阳树脂失效后,可用盐酸或硫酸再生;铵型阳树脂失效后,则用 NH_4Cl 或 $(NH_4)_2SO_4$ 再生。

离子交换器是进行离子交换的主要设备,最常用的是顺流再生及逆流再生型的。顺流再生就是软化及再生时,水和还原液都是由上向下,相同方向流动;而逆流再生是软化时水由上向下流,而再生时还原液由下向上采用相反方向(异向)流动,这样可以提高出水水质和减少还原剂用量。若软化时由下向上,使树脂浮起,而再生时还原液从上向下流,也可以实现异向流动,可取得逆流再生相同的效果。这种交换器称为"浮动床"。除离子交换器外,主要设备还有还原剂的制备装置。现在离子交换设备系统,多采用全部操作过程自动化。

8.3.2 离子交换除盐

小型热电厂一般采用中压或次高压锅炉,补给水都要求除盐,补给水水质要求硬度为零,采用一级除盐要求电导率(25℃)≤5μs/cm,SiO_2≤100μg/L;采用二级除盐要求电导率(25℃)≤0.2μs/cm,SiO_2≤20μg/L。一级除盐就是采用氢型阳离子剂将水中Ca^{2+}、Mg^{2+}、Na^+等都置换成H^+;再串联OH^-型阴离子交换器,使水中的阴离子都置换成OH^-,则出水变成除盐水。若设两级阴阳离子交换,将两级串联,则成二级除盐。中压锅炉第二级除盐更常用混床,也就是将阴、阳离子交换树脂装在一个交换器中,并在运行前将它们混合均匀。这样可以少设离子交换器,以节约投资。树脂失效后,H^+型阳离子交换剂用酸再生;OH^-型阴离子交换剂则用碱再生。

混床再生要先进行反洗分层,将失效的阴、阳离子分开。再生通常有三种方法:体内再生、体外再生和阴树脂外移再生。在热电厂中一般不采用阴树脂外移再生方法。体内再生又可分为两步法和同时处理法。两步法就是先用碱液还原,碱液通过阴树脂后,再一直通过阳树脂;第二步用酸液仅通过阳树脂层。两步法也可以第一步碱液只通过阴离子层而不通过阳离子层;第二步仍用酸液仅通过阳树脂层。前一种情况设备及操作比较简单,但碱液要通过阳树脂,会产生$CaCO_3$、$CaSO_4$、$Mg(OH)_2$等沉淀物污染阳树脂层,而影响出水品质和增加酸耗。同时处理法,就是碱液只通过阴树脂层而酸液只通过阳树脂,并且同时进碱液和酸液进行再生。体外再生就是把阴、阳树脂分别移至交换器外的再生器中分别再生。这种再生方法设备多,操作复杂,树脂磨损率大,但再生效率高,再生液比耗量低。

8.3.3 离子交换除盐系统及除硅特性

发电厂或热电厂对补给水除盐的要求不仅要求硬度为零,电导率很低而且要求含硅量也较低,因此对于其除硅特性也很关注。

离子交换除盐系统,都采用强酸性H^+型阳树脂和强碱性OH^-型阴树脂组成的复床或混床。在复床的阴离子交换器中,OH^-型交换树脂对强酸性阴离子的吸着能力很强,对弱酸性阴离子的吸着能力很弱,特别是对硅酸根($HSiO_3$)的吸着能力最弱,水

中硅酸盐 $NaHSiO_3$ 流过 ROH 阴树脂层后,所起反应的生成物中产生强碱 NaOH。由于水中有大量反离子 OH^- 存在,交换反应就不能彻底,除硅作用也就往往不完全。所以复床都是使水先通过强酸性 H^+ 型交换剂,使出水生成酸,降低 pH 值,清除通过强碱性 OH^- 型交换剂而产生的 NaOH。这样防止反离子 OH^- 的干扰,提高除硅效果。

水由上而下通过阴离子交换剂层后,最易吸着的 SO_4^{2-} 最先被吸着,存在交换剂的上层;其次 NO_3^-、Cl^- 等离子被吸着,存在于中层;而 HCO_3^- 及 $HSiO_3^-$ 等离子在最下层才被吸着。若进水中强酸性阴离子(SO_4^{2-}、NO_3^-、Cl^- 等)含量占阴离子总含量的比重较大时,下层树脂的交换容量就较小,而影响出水中 $HSiO_3^-$ 的残留含量。因此,常见的复杂系统,都是将经 H^+ 离子交换的水先用除碳器除 CO_2,除 CO_2 后的水存在除碳器下的中间水箱,再用泵使其通过 OH^- 离子交换剂,如图 8-1 所示。这样不仅提高了除硅效果还减轻了阴离子交换器的负担。

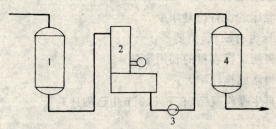

图 8-1 离子交换除盐复床系统
1—H^+ 交换器;2—除碳器;3—泵;4—OH^- 交换器

复床运行中,H^+ 床漏 Na^+ 对阴床除硅的效果有明显的影响。在阴床中的水流速度也对除硅效果有影响。

8.3.4 混床与复床的比较

混床与复床相比,主要有以下优点:

(1)出水水质高

混床可以看做是由很多阴、阳树脂交错排列而组成的多级复床,其阴、阳离子交换反应几乎是同时进行的。经 H^+ 型离子交换所产生的 H^+ 和经 OH^- 型离子交换所产生的 OH^- 都不能累积起来,这就基本上消除了反离子的影响,交换反应彻底,因而出水水质高。除盐水的残留含盐量在 1.0mg/L 以下,电导率在 $0.2\mu s/cm$ 以下,残留硅酸含量(以 SiO_2 表示)在 0.02mg/L 以下。

(2) 出水水质稳定

混床在工作条件变化时,一般对其出水水质影响不大。在正常操作下,只要树脂层高度在 60~180cm 之间,进水含盐量变化、滤速的快慢变化,对出水电导率的变化不显著。

(3) 间歇运行对出水水质影响较小

无论是混床或复床,当交换器停止工作后再投入运行时,开始出水的水质都会下降,要经过短时间运行后才能恢复正常。复床需要 10 分钟左右才能恢复正常,但混床只需 3~5 分钟。

(4) 交换终点明显

混床在交换的末期出水的电导率上升很快,这对监督及实现自动化都很有利。

(5) 混床的设备比复床少

但混床也有缺点,主要是:

(1) 树脂交换容量的利用率低;

(2) 树脂的损耗率大;

(3) 再生操作复杂(在 8.3.2 节中已叙述)。

8.4 膜分离技术

8.4.1 膜分离技术的发展及原理

水处理的膜分离技术是一项新技术,尤其最近发展很快。所谓膜分离技术就是使介质通过膜,膜截留了介质中某些物质,而将这些物质从介质中分离出来,如水处理方面,可脱除水中的微粒子、胶体和大分子、盐类及低分子物、离子;不仅可以截留悬浮物、无机盐、有机离子,还可以截留蛋白质、糖类、酶、尿素和细菌与病毒;不仅使液固分离,还可以从溶液中分离液体、乙醇溶液等,还可以使气体分离,用途十分广阔。

在水处理方面:处理对象可以是地表水、市政用水、苦咸水或是海水;可以用以制造饮用水、工业用纯水、超纯水,可用于污水处理、海水淡化。有取代水处理方面各种传统技术的趋势,前途广阔。本书仅从热电厂锅炉补给水的应用方面加以介绍。

膜分离技术的关键在分离膜,分离膜的种类很多,不同的膜性质及功能、分离原理都不相同。为满足对产水品质的要求,常需选用不同种类的膜,或采用同样膜但不同型号加以组合。膜的开发与发展,是推动膜分离技术发展的前提。

(1) 电渗析是最早使用的一种膜分离技术,其原理如图 8-2 所示,水中溶质的阴、阳离子,在电场的作用下,分别向阳、阴两极移动。在阳、阴两极之间布置了若干对离子交换膜,由于阳膜只允许通过阳离子,而阴膜只允许通过阴离子(图以 $CaSO_4$ 为例),造成阴、阳离子分别向浓水区集中,而淡化了一部分水。浓水排掉后再循环。

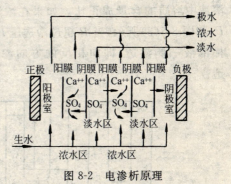

图 8-2 电渗析原理

阳离子交换树脂的不可移动的内层离子为负离子,在阳膜的孔眼内由于这些负离子而产生负电场,溶液中的负离子受到排斥而不能通过。溶液中的阳离子可以穿过孔眼,或是与膜上的阳离子进行交换,将膜上原有的阳离子排挤透过孔眼。同理,阴膜的内层带正电场,排斥阳离子,阴离子可以穿过孔眼。或与膜中阴离子进行交换,将膜上原有阴离子排挤透过孔眼。在阴、阳膜上仍有离子交换的作用,故称离子交换膜。

这种原始的电渗析,曾在低压锅炉,由于生水氯根或含盐量过高,需部分脱盐降低氯根或含盐量时,用作软水装置的预处理。电渗析浓水的排放量较大,为了提高出水水质和降低浓水排放量,目前所使用的电渗析,都是在电渗析器中添加树脂使离子交换膜和树脂综合应用,称为 EDI(Electrodeionization),在锅炉除盐水制备上常用以作为反渗透的后处理,或称精处理。

(2) 反渗透技术简称 RO(Reverse Osmosis),是美国在 20 世纪 60 年代研究开发的,以后日臻完善。其原理是将浓度不同的淡水和盐水用一个半透膜隔开,如图 8-3 所示,半透膜只渗透水,而不渗透盐分。稀溶液(淡水)中的溶剂(水)可透过半透膜流至浓溶液(盐水)的一侧,如图 8-3(1)所示,这种现象称为"渗透"。渗透现象继续进行到浓溶液侧有个压头 H,恰好抵消水由稀溶液一侧向浓溶液一侧流动的趋势为止,如图 8-3(2)所示,此时渗透达到平衡。此压头 H 称为此两种不同浓度间的"渗透压",它与浓溶液中溶质的含量成正比。如果在浓溶液的液面上加一个压力 P,如图 8-3(3)所示,当 P 超过渗透压 H 时,水即从浓溶液一侧向稀浓液一侧渗透,即向相反的方向渗透,故称反渗透或称逆渗透。

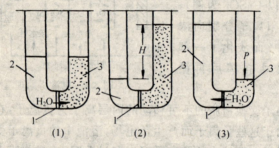

图 8-3 反渗透原理
1—半透膜;2—淡水;3—盐水

反渗透膜是化学合成的高分子膜,在合成过程中通过分子之间的作用,使膜上有很多孔径为 $0.0001\sim0.001\mu m$ 的孔隙。这些孔径与水分子的直径相当,而所有有害杂质的体积几乎都比水分子大几百倍,很多金属盐类与水合离子形成的水合分子,比水分子大 10~20 倍。反渗透膜通过粒子大小的选择性和对带电粒子的排斥,将这些杂质及溶质清除。

早在1953年美国佛罗里达大学的Reid等人最早提出反渗透海水淡化。后来美国为解决载人航天宇航中水的净化问题进行研究开发,60年代研制出实用的反渗透膜,并在宇航上取得满意的效果。以后迅速地推广在制饮用水方面,现在制造饮用水的装置主要都是反渗透技术的应用,这种饮用水在商业上常仍称"太空水"。

阴、阳离子交换除盐要消耗大量碱和酸,带来较高的运行费用和冲洗产生的废水污染,故现在逐渐采用反渗透技术。为了降低工作压力,提高出水品质及产水量,在反渗透膜及材质和功能上又做了些改进。

(3) 常规过滤的孔径都大于 $1.0\mu m$,而反渗透膜的孔径约为 $0.0001\sim0.001\mu m$,由于孔径很小,其通过孔的水流速,非常接近通过膜面的水流速,因而可以认为反渗透膜的水流是通过整个膜面,而忽略了孔的存在。在反渗透膜与常规过滤孔径之间的膜,称为"微孔薄膜",主要有纳滤(NF)、超滤(UF)及微滤(MF)如图8-4所示。

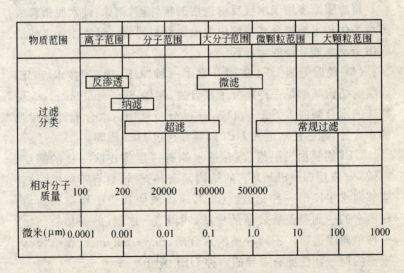

图8-4 按孔径分类的分离膜

纳滤膜简称(NF)膜,早期称为松散反渗透(Loose RO)膜,是80年代初继典型的反渗透复合膜之后开发出来的。其准确定义目前尚无统一的解释。RO膜几乎对所有的溶质都有很高的脱除率,但NF膜只对特定的溶质具有高的脱除率,对NaCl的脱除率为90%以下。

纳膜主要去除直径为1纳米(nm)左右的溶质粒子,截留分子量为100~1000。它的很大特点是膜本体带有电荷性,这就是它在很低的压力下仍具有较高脱盐性能和截留分子量、可脱除无机盐的重要原因。NF膜主要用于去除饮用水中的有害物质、苦咸水软化、中水及废水处理,以及食品、饮料、制药、化工行业产品的浓缩、精制、分离等工艺。特别是作为"饮用水的深度处理"受到重视,在热电厂锅炉水处理上很少使用。

超滤膜(UF膜)是由亲水性聚醚砜中空纤维组成,每根膜元件是数千甚至上万根中空纤维组成的纤维束,可以滤除分子量大于10~15万道尔顿的有机物和水中绝大部分的悬浮物,其出水水质比常规过滤高得多。

超滤膜原多用于水经反渗透后的精处理,例如:纯水脱微粒或海水淡化和水溶液分离浓缩中的电泳涂料回收。最近主张将超滤膜用于反渗透处理的预处理。

(4)最近美国UEI集团开发了一种"UEI固膜"技术。UEI固膜的结构基础是一种高分子聚合物,叫做Sup—polymer。一种特殊的水合酶嵌入Sup—polymer的分子链中。水合酶具有很强的水合性,能够使水进入UEI固膜和通过UEI固膜。

UEI固膜由三层组成:在进水侧有一层像皮肤一样的薄层,叫做α—皮层(α—Skin),它的结构紧密和光滑,具有不粘性;并且能够向水中发出一种超微波振动,超微波使其免于堵塞和结垢。在出水的一侧覆盖着较厚的皮肤,叫做β—皮层(β—Skin),它是一种单向渗透膜。不同种类的水合酶、Sup—polymer、膜结构,组成不同型号和性能有差异的六种UEI固膜

反渗透膜(RO膜)对进水水质有严格要求,因此都要求进RO

膜前要设置较复杂的预处理。RO膜的出水尚不符合热电厂锅炉补给水的要求,因此还要在RO膜之后设置精处理。UEI固膜技术可以在较低的压力下得到很高的脱盐率,在锅炉除盐水RO制备系统中可不再设精处理;预处理则除设换热器、和投入阻垢剂外,UEI滤膜不需再设其他装置,比较简单。UEI固膜系统虽然初投资略高,但其运行费用显著降低。

8.4.2 离子交换膜的特性及电渗析器的运行

离子交换膜分异相膜、均相膜和半均相膜三种,表示其性能的主要项目除厚度和机械强度等机械性能外,其电化学性能更为重要。电化学性能有:

(1) 膜电阻。它表示离子交换膜的导电性能,常用单位面积的电阻来表示,称为"面电阻",单位是 $\Omega \cdot cm^2$,是在25℃时,在一定成分一定浓度的电解水溶液中测定的。可交换离子的水合离子半径愈大,其膜电阻愈小,膜电导愈大。温度升高则膜电阻降低,膜电导升高。膜电阻愈小,电能消耗也越少。

(2) 离子选择透过率。按理阳离子交换膜只允许阳离子透过;阴离子交换膜只允许阴离子透过。但一则由于离子交换膜上难免有某些微小的缝隙,使水溶液中各种离子都能通过;二则膜在电解质中并不是绝对排斥异号离子。因此,实际上总有少数异号离子透过。

(3) 透水性。如上所述难免有少量的自由水分子通过;另外,与离子发生水合作用的水分子,随着离子透过。因此,离子交换膜能透过少量的水。

很显然离子选择透过率和透水性越大,对除盐效果影响就越大。因此,应当尽量减少离子交换膜中异号离子透过的量和膜的透水性。

(4) 交换容量。其含意与粒状离子交换剂含意相同。

离子交换膜的异相膜是将离子交换树脂粉和胶粘剂调和制成;半均相膜是离子交换树脂和胶粘剂混合得很均匀而制成的膜;均相膜是直接由离子交换树脂制成的膜,其膜电阻和透水性都很小。而离子交换树脂又有磺铵型及季铵型。这些离子交换膜的性能列于表 8-1。

离子交换膜的性能　　　　表 8-1

名　称	类型	水分 （％）	交换容量 (mmol/g 干膜)	面电阻 ($\Omega \cdot cm^2$)	选择 透过率 （％）	厚度 (湿态) (mm)	爆破 强度 (MPa)	最大 孔径 (μm)
异相离 子交换膜	磺铵型	40～50	2.5～3	5～6	>90	≈0.5	>0.5	≈1.5
	季铵型	40～50	2.5～3	5～6	>90	≈0.5	>0.5	≈1.5
半均相 离子交换 膜	磺铵型	38～40	≈2.5	5～6	>95	0.45	>0.5	≈0.8
	季铵型	35～38	≈2.4	8～10	>95	0.4	>0.5	≈0.8
聚乙烯 均相离子 交换膜	磺铵型	30～40	1.6～2.5	2～3	>95	0.35	—	≈1
	季铵型	≈25	1.6～2.7	5～6	>95	0.32	—	≈1

电渗析器极板的金属，要注意其电极电位的选择，使电极不会被腐蚀或溶解，常用铝作电极材料，在阳极室中加入 Na_2SO_4，使极水中的 Na_2SO_4 浓度达到 5％。

电渗析在运行中主要应注意以下问题：

（1）运行条件选定以后调好电压，运行中保持电压不变，控制电流不得超过极限电流以避免交换膜和电极板的腐蚀。运行前应测定出极限电流值，其测定方法是：当进水水质和流量等条件确定以后，读取电压及对应的电流值，然后由低到高（也可由高到低）改变电压，记录电压值及电流稳定后对应的电流值。电压每次升高（或降低）10～20V。把高电压处的 3～5 个点近似地在直角坐标纸上连成一直线；再把低电压处的 3～5 个点近似地连成一直线，此二线相交的电

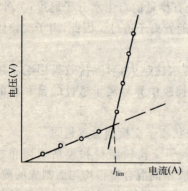

图 8-5　极限电流的测定

流值即为极限电流($I_{\lim}$)值,如图 8-5 所示。

(2) 运行中若发现电流逐渐下降,淡水水质下降时,说明离子交换膜已逐渐结垢,应予清除水垢。预防和清除水垢最常用的措施是倒换电极:先同时将淡水及浓水排放,并降低电压;然后倒换电极,原通正电的一侧改为负电,原为负电的一侧改为正电;再逐渐升高电压到工作压力,待倒换电极后的淡水出水口(即倒换前的浓水出水口)的水质合格时,停止排水,正常供水。

若除盐效率明显下降,并且倒极也不能恢复;或极水出水压力明显上升时,则需要进行酸洗。酸洗时不必拆开电渗析器,一般用盐酸清洗,其浓度根据膜的耐酸性能而定。酸洗后用生水冲洗到 pH=4~5。淡水、浓水、极水三个系统应同时清洗。如膜上结垢不多时,为了延长膜的寿命,也可以减少清洗膜的次数,单独清洗电极室。

何时需要倒极或酸洗及采用盐酸浓度等一切操作都按产品说明书的规定进行。

上述电流下降及结垢的原因,主要是由于"极化现象"。离子向电极运动时,在淡水室中,膜的电导比溶液的导电大,所以离子通过膜的速度比它在溶液中迁移的速度快得多,因此沿淡水侧的交换膜表面附近的离子浓度比淡水室平均离子浓度低。同理,在浓水室中沿浓水侧的交换膜表面附近离子浓度比浓水室平均离子浓度高。这种现象就称为"极化现象"。

由于极化现象浓水室膜侧电阻略有下降,但淡水室膜侧的电阻增高幅度更大,总体是电阻增大,因而电流下降。在淡水室中水发生电离成 H^+ 及 OH^-,消耗部分电能。OH^- 通过阴膜进入浓水室,使浓水室的阴膜表面水层带碱性,因此易在此产生 $Mg(OH)_2$ 和 $CaCO_3$ 一类沉淀物而生成水垢。H^+ 通过阳膜进入另一浓水室,在这里留下的 OH^- 也使 pH 值升高,所以会产生铁的氢氧化物等沉淀物。结垢的结果减少渗透面积,增大水流阻力和电阻,使电耗增加。

(3) 电渗析运行时膜上带电,水也带电,电渗析器必须有良好的绝缘,防止漏电和腐蚀设备。电渗析器开始运行时要先通水后供电;停止运行时要先断电后停水。所有阀门都要慢开、慢关,避免膜两侧压力差过大而使膜破坏,短期停运时水不应放空,以保持膜的湿润;长期停运时应将电渗析器拆开,将膜另行妥善保护。

(4) 电渗析器对进水有一定的要求,进水质量(悬浮物、混浊度、含铁量等)、流量、水温等若不符合要求,则应进行预处理。

8.4.3 反渗透膜的特性

反渗透技术早于 1953 年就已提出,但第一张可实用的反渗透膜是 1960 年由美国加利福尼亚大学的 Loeb 和 Sourirajan 研制提供的。以后又经很多单位及技术人员,较长时间的研究与开发。真正广泛应用于饮用水、工业纯水及液体浓缩、海水淡化及污水处理等领域是在 90 年代。这项技术的发展,主要取决于是否制得良好的半透膜。良好的半透膜要符合多方面的要求,它们是:(1)透水率大,除盐率高;(2)机械强度大;(3)耐酸、碱及微生物的侵袭;(4)使用寿命长;(5)制取方便,价格较低;(6)工作压力低,电耗较低而降低运行费用。

开始提供的反渗透膜有很多种,其中的醋酸纤维素膜(CA 膜)较为理想。它是用丙酮或二氧六环为溶剂将醋酸纤维素溶解并加入发孔剂,常用发孔剂有 $Mg(ClO_4)_2$、$ZnCl_2$ 及 H_3PO_4 等。制成膜后蒸去溶剂,再经一定的热处理而制成。常由表层及底层两层构成,表层为半透膜厚约 $0.1\sim 0.3\mu m$,具有细密的微孔,孔径<50Å($1Å = 10^{-7}mm$)。底层厚度为表层的 200~500 倍,多孔(孔径约 400Å)海绵状结构,具有弹性,起支撑表层的作用。

醋酸纤维素膜表面光滑,不带电荷,可减少污染物沉积,有机物、微生物不易在表面粘滞;耐游离氯离子氧化性能力强,可用氯作为消毒剂以保护膜不受有害细菌侵蚀,和防止因微生物和藻类生长而污堵。但其除盐率较低,并在使用期间除盐率下降较为显著,寿命相对较短;所需工作压力较高,使运行费用提高。这种膜还存在的一个问题就是进水在酸性或碱性条件下易于水解,还原成纤维和醋酸。随着水温升高,进水的 pH 值低于或高于 5~6 时,水解速度加快。因而,运行时常需加酸调节 pH 值。目前 CA 膜除在污水或高污染水的处理上仍使用外,在锅炉给水除盐方面已很少使用。

目前的反渗透膜常用于锅炉给水除盐的是聚酰胺(PA 膜)和复合膜。它是将高分子有机物原料、溶剂和作为助溶剂的盐类添加剂,这三种成分在一定温度下喷丝制成膜,再经烘烤、蒸发和浸洗等步骤制成。图 8-6 所示为复合膜结构的剖面图,复合膜由三层阻成:最上面的一层为 $0.2\mu m$ 厚的聚酰胺超薄脱盐层;最下面为 $120\mu m$ 厚的聚酯支撑层。由于聚酯层不很平坦和多孔,不能用于直接支撑脱盐层,因而在聚酯层上面浇筑一层聚砜微孔层,厚约 $40\mu m$,孔径控制在 $0.015\mu m$,而形成复合膜中层。膜在聚砜层和聚酯层的支持下,使复合膜能承受较高的压力和增强抗化学侵蚀的能力。

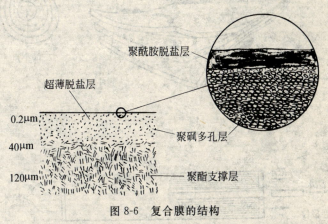

图 8-6　复合膜的结构

反渗透膜装置的形式很多,最初设计的"板框式"是由很多块承压板组成,承压板的两侧覆盖有微孔支撑板和反渗透膜,组装好后,装入密封的耐压容器中。后来,有"管式"将反渗透敷设在很多小孔管的内壁或外壁,水由管内向管外或由管外向管内流动。继而又发展为如 8.4.1 节之"(3)"所述,目前超滤膜仍常用的"中空纤维"膜。现在反渗透膜一般都制成"螺旋卷式"元件。如图8-7上图所示,将两张平展开的膜,中间夹一张聚酯织物,将两张反渗透膜的一端胶接起来,形成一个袋状;另一端则与带孔的聚氯乙烯(PVC)管粘接。膜及织物一起沿PVC中心管卷绕,形成卷,并放置于玻璃钢(FRP)外壳中,形成一支膜元件,如图8-7下图所示,将几个膜元件连接起来,装在一个圆筒形压力容器内,容器的两端由多孔的盖封住,就构成一个卷式膜组件。给水进入第一个膜元件,在该膜元件的螺旋卷绕之间的通道内流动,一部分水渗透过膜被收集到中心产品水管中,另一部分沿着膜元件的长度方向流至第二膜元件。依次进行,每个膜元件的产品水通过公共的产品水管流出;另一部分水则形成浓水排出。

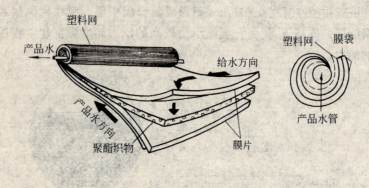

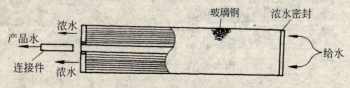

图 8-7 膜元件的构造

一般参数及性能,都指的是每个元件的尺寸及性能。元件的规格以四位数字来表示:前两位以元件外径(英寸)10倍的近似值表示;后两位以元件长度(英寸)表示。现将常见规格列于表8-2。表8-2中前四种规格,在锅炉除盐工艺中最常用。

卷式膜元件的尺寸及规格　　　　　　　表 8-2

元件规格	元件外径英寸 (mm)	元件长度英寸 (mm)
4040	3.94″(100.1)	40.0″(1016.0)
8040	7.95″(201.9)	40.0″(1016.0)
8060	7.95″(201.9)	60.0″(1524.0)
8080	7.95″(201.9)	80.0″(2032.0)
2514	2.4″(61.0)	14.0″(355.6)
2521	2.4″(61.0)	21.0″(533.4)
2540	2.4″(61.0)	40.0″(1016.0)
4014	3.94″(100.1)	14.0″(355.6)
4021	3.94″(100.1)	21.0″(533.4)
8540	8.45″(214.6)	40.0″(1016.0)

高分子有机物的复合膜比醋酸纤维素除盐率高,产水产量较高,并且使用期间除盐率下降较缓;不易水解,使用寿命较长;操作运行所需压力较低,可降低电力消耗而减少运行费用。但对进水的水质要求较高,一般都需要进行较严格的预处理;特别注意的是在任何情况下不要让带有游离氯(或称自由氯)的水与复合膜元件接触,否则将会造成膜元件性能下降,并且性能下降后,再也无法恢复其原来的性能。城市自来水往往用含氯的药剂杀菌,常会存在游离氯,在预处理中应将游离氯消除。复合膜对进水游离氯的含量要求较严,一般要求 $<0.1\times10^{-6}$ 。

不同厂家复合膜的材质及配方不同,膜的性能都有差异。每个厂家为了适用不同用途的优化,其不同规格、型号的性能也有差异。例如,表 8-3 中海德能公司用于海水淡化的 SWC 2 膜的性能与常用于锅炉给水除盐的 ESPA、CPA、LFC 型膜,在性能上就有显著的差别。

现在国内有很多厂家生产反渗透装置,但尚无厂家生产反渗透膜。一般反渗透膜都是购买国外生产质量好的膜。各厂家生产

表 8-3　锅炉给水除盐常用反渗透膜的产品参数

生产厂家		海德能(HYDRANAUTICS)(美)				陶氏(DOW)(美)		东丽(TORAY)(日)	
型号		ESPA1	CPA 2	CPA3	LFC 1 [LFC 3]	SWC 2*	BW30-365	BW30-400	TM720-370	TM720-430
规格及型号	膜元件尺寸	8040	8040	8040	8040	8040	8040	8040	8040	8040
	膜面积(m²)	37.2	33.9	37.2	37.2	29.3	34	37	34	40
	最低除盐率(%)	99.9	99.2	99.6	99.2 [99.6]	99.2	98(标准 99.5)	98(标准 99.5)	.99	99
	产水通量(m³/d)	45.4	37.8	41.6	41.6 [36.0]	23.5	36	40	36	42
测试条件	NaCl 浓度(×10⁻⁶)	1500	1500	1500	1500	海水	2000	2000	2000	
	操作压力 PSi(MPa)	150(1.05)	225(1.55)	225(1.55)	225(1.55)	800± 10(5.52+0.07)	225(1.55)	225(1.55)	225(1.55)	
	测试液温度(℃)	25	25	25	25	25±4	25	25	25	
	测试液 pH 值	6.5~7	6.5~7	6.5~7	6.5~7	6~7	8	7		
	单支元件水回收率(%)	15	15	15	15	10±5	15	15	15	

续表

生产厂家	海德能(HYDRANAUTICS)(美)				陶氏(DOW)(美)		东丽(TORAY)(日)	
型号	ESPA1	CPA2	CPA3	LFC 1 [LFC 3]	SWC 2*	BW30-365	BW30-400	TM720-370	TM720-430
最高进水温度(℃)	45	45	45	45	45	45	45	45	45
最高操作压力 PSi(MPa)	600(4.16)	600(4.16)	600(4.16)	600(4.16)	1200(8.27)	600(4.16)	600(4.16)	600(4.16)	600(4.16)
进水 pH 范围	3～10	3～10	3～10	3～10	3～10	2～11	2～11		
最高进水浊度(NTU)	1.0	1.0	1.0	1.0	1.0	1.0	1.0		
最高进水 SDI	4	4	4	4	5	5	5	5	5
最高游离氯 ($\times 10^{-6}$)	<0.1	<0.1	<0.1	<0.1	<0.1	<0.1	<0.1	检测不到	检测不到
最高进水量 (m^3/d)	17.0	17.0	17.0	17.0	17.0	16.0	16.0	16.0	16.0
最高单支膜压降 Psi (kgf/cm^2)	10(0.7)	10(0.7)	10(0.7)	10(0.7)	10(0.7)			20(1.4)	20(1.4)

注：* 用于海水淡化。

膜的型号及规格也很多,表8-3将在锅炉给水除盐上最常用的膜(SWC 2除外),其规格性能、测试条件和使用条件等方面的数据加以汇总。为了便于比较,元件都按8040规格。

从表8-3可以看出,常用于锅炉给水除盐的反渗透膜,各厂家生产的产品其规格性能都很相近,只是个别厂家生产了超低压反渗透膜,如表中所示海德能的ESPA 1型膜,其测试操作压力为150psi(1.05MPa),其他性能差异不大。陶氏公司生产的TW30LE型反渗透膜(表8-3中未列入),其测试操作压力为125psi(0.86MPa),但仅用于以自来水为水源的反渗透系统。

反渗透膜的使用条件中,不仅对进水的浊度有要求(一般要求水的散射浊度在1NTU以下),而且还要求进水符合污染密度指数SDI(Stain Density Index)的要求。SDI是检测水中悬浮物、胶体和微生物等微粒污染情况的指标,它是以膜被污堵的程度来表示。其测试装置如图8-8所示,在给水管路上装有球阀或第一级调节阀、压力调节阀、压力表,最下端为滤膜盒。滤膜盒内装0.45μm滤膜,滤膜四周用"○"形环封闭,滤膜盒上有排气阀。

测试方法是将给水压力调节至30psi(0.2MPa),使水通过0.45μm的新滤膜,将通过500mL水所经历的时间t_0记录下来。通水15分钟后,再次测定流过500mL水所需的时间t_{15},也记录下来,则:

$$SDI = [1-(t_0/t_{15})] \times (100/15) \quad (8-1)$$

图8-8 SDI测试装置

测试通水时,应先打开滤膜盒上的排气阀,将滤膜盒及管道中的空气排除。整个测试过程中,系统温度变化不超过1℃。

不难看出 SDI 实质上是以 500mL 的水通过未被污堵的新膜所需的时间和膜经 15 分钟流水受污堵后,仍通过 500mL 水所需的时间的比值来表示。膜被污堵越严重,t_{15} 时间越长,t_0/t_{15} 值越小,SDI 值越大。反之,SDI 值越小,表示受污堵的程度越小,水质越好。

在膜分离技术中,SDI 值比浊度能更准确地反映出水质对膜工作的影响。这是因为浊度计是采用光敏法来测定,但对于不感光的胶体和微粒,就无能为力,而 SDI 的测定不存在这个问题。

8.4.4 反渗透系统的预处理

反渗透工艺系统实际上包含三个系统:(1)反渗透装置系统:反渗透装置及其清洗装置与所需的水泵、水箱。(2)预处理系统:为了使进水水质达到要求,在反渗透装置前设置的设备系统,也称为前处理系统。(3)精处理系统:反渗透的产水,水质还达不到使用要求时,对反渗透水进一步进行处理而设置的设备系统,也称为后处理系统。

8.4.4.1 预处理的目的及途径

预处理的目的及达到目的采取的途径,可分为下述四个方面:

(1)防止水中悬浮杂质、微生物、胶体物质的颗粒,或由于铁细菌存在形成的铁锈软泥,污染膜表面污堵水流通道。常采取的途径是:

1)用过滤器过滤。常采用的过滤器有:多介质过滤器、活性炭过滤器、圆盘过滤器、超滤(UF)、保安(精密)过滤器等。

2)凝聚澄清或凝聚过滤。加凝聚剂及助凝剂,使水中胶体失稳,凝聚成大颗粒,经澄清或过滤除去。凝聚只能使胶体物质变成大颗粒,但必须经过澄清或过滤才能将这些杂质除去。澄清速度较慢,澄清池或澄清器需占较大的面积或较大的体积,锅炉给水除盐一般都不用澄清方法,而多用凝聚与多介质过滤器联用。采用快速过滤的多介质过滤器,必须先经凝聚处理才可获得满意的效果。

3) 化学沉淀法除铁。水中铁盐除可用凝聚过滤法除去外,还可以向水中通入氧、氯气、或高锰酸钾作为氧化剂,使水中二价铁氧化成难溶的三价铁,形成沉淀通过过滤除去。通过锰砂过滤除铁和在水中加入石灰使铁迅速氧化成 $Fe(OH)_3$ 絮状沉淀的石灰碱化法除铁,这两种除铁方法,由于设备庞大或操作复杂,锅炉给水除盐一般不用。

(2) 防止运行中由于水的浓缩,有一些难溶的盐类,如 $CaCO_3$、$CaSO_4$、$BaSO_4$、$SrSO_4$、CaF_2、$Si(OH)_4$ 等沉积在膜的表面上,形成膜表面结垢。常采用的途径是:

1) 钠离子交换软化。这种方法很可靠,有时在小型制饮用水的装置中采用。锅炉给水除盐系统都属于大型 RO 系统,若采用钠离子交换软化器很不经济,故一般都不采用。除非是在要求高回收率的情况下,经过经济比较后才采用。

2) 加阻垢剂。水中加入有机阻垢剂后,可以提高水中溶解固形物、钙离子和碱度的饱和指数(朗格里尔指数-LSI)的限值,及易结垢物质离子溶度积的限值,以避免或降低结垢的倾向,使结垢物质不沉淀为垢,而随浓水排出(详见第 8.4.4.3 节)。加阻垢剂是普遍采用的方法。

3) 防止结 $CaCO_3$ 垢,可采用加酸调节水的 pH 值,降低碳酸盐浓度,使之转化为碳酸氢盐和二氧化碳。

4) 控制回收率,降低浓水中的离子浓度,以避免离子积超过溶度积。

5) 为避免硅垢的生成,采用增加水温和调节 pH 值使硅的溶解度增加;或加分散剂以延缓硅垢的沉积。

(3) 保护膜使免受化学损伤和微生物在膜上繁殖。在 8.4.3 节中已叙述:醋酸纤维素膜(CA 膜)在进水的 pH 值低于或高于 5~6时,水解速度加快,并且易受微生物的侵蚀而降解;而聚酰胺膜(PA 膜)和复合膜对进水中游离氯的含量要求<$0.1×10^{-6}$,否则易降低性能并无法恢复。常采取的对策是:

1) 调节 pH 值,水中的 pH 值在接近最佳值(4.7)左右,使 CA 膜不易水解。

2) 投加氯或氯化物等氧化剂杀菌。采用紫外线杀菌和臭氧杀菌在制饮水中常用,在锅炉给水除盐中一般不用。

3) PA 膜若水中有游离氯,锅炉给水除盐系统中常用的方法有两种:投入还原剂或使水通过活性炭过滤器。这两种方法只用一种,若设有活性炭过滤器,则不再投还原剂。

(4) 改善工作条件,提高出水水质和除盐效率。以上所述防止膜被污堵、结垢和对膜的保护都是改善工作条件提高水质的措施,此外常采用的途径是:

(5) 装换热器适当控制进水温度。适当提高进水温度,可以降低水的黏度,提高膜的产水量。膜元件标明的透水量,一般是指在测试温度(25℃)下的性能,水温低则透水量也低,适当提高水温,特别是在冬季是必要的。有的资料提出,温度升高1℃,透水量增加2.7%。

但是给水温度较高时也会带来一些问题,如:增加微生物在系统内的活性;加大碳酸盐和硫酸盐结垢倾向而增加膜的污染速度等,因此对水温的控制要适当。

(6) 实现自动控制,使运行压力、给水流速、加药量都控制在规定的范围。

8.4.4.2 预处理的设备

(1) 换热器。一般板式换热器传热效率高体积小,但若进水水中悬浮物等杂质较多,或是汽——水换热器,特别是汽温过高时,往往板式换热器不太适应,应选用波节管换热器等其他形式的换热器。经换热器加热后,水温一般保持在20℃左右。进入反渗透膜的水温不得低于5℃,否则会破坏反渗透膜的结构。

(2) 多介质过滤器。其作用是滤除原水带来的细小颗粒、悬浮物、胶体、有机物等杂质。常用的是压力式双滤料的机械过滤器。罐体滤料层总高1200mm;其上层为0.5～1.2mm 粒度的石英砂,高800mm(或最上层为1～1.2mm 的粗石英砂,高100mm;

其下层为 0.5～0.6mm 的细石英砂,高 700mm);下层为 0.8～1.8mm 的无烟煤,高 400mm。过滤流速常取 6～8m/h。运行一定时间后,滤料表面逐渐粘附杂质,当其压降达说明书规定值(如:0.05MPa)时,或出水 SDI 达不到标准(按反渗透膜要求进水 SDI 值>4或>3)时,就要进行反洗。

多介质过滤器不能只设一台,否则反洗时就要断水。反洗一般都是先经空气擦洗,然后水反洗。空气擦洗强度 10～20L/m^2·s。水反洗强度 10～16L/m^2·s。总反洗时间约 10 分钟。擦洗所用空气量大,但压力仅要 0.07MPa,一般都设罗茨风机供给。

多介质过滤器常与混凝联合使用,将部分胶体及有机物凝聚成絮状较大颗粒,才能取得良好效果。一般都是不加设沉淀设备,把凝聚剂与助凝剂直接加到介质过滤器的进水管上,称为"直流过滤"。除非是水中悬浮物含量>50mg/L,才考虑用澄清、过滤;含铁量>0.3mg/L 才考虑先除铁再用直流过滤。

(3) 活性炭(GAC)过滤器。是粒状滤料过滤的一种,主要用来除去水中小分子有机物和残余氯,也能除去胶体和减少水中异味、臭味和色度。有机物的存在不仅会使微生物易于滋长,而且浓缩到一定程度后可以溶解有机材质的膜,使膜的性能劣化。但是不同种类的有机物对反渗透膜的危害也不一样,因此很难给出有机物的定量指标。一般认为水中总有机炭(TOC)含量超过 2mg/L 需要进行处理。

因活性炭过滤除去水中游离氯能进行得很彻底,因此设置活性炭过滤器后,就不必向水中投还原剂。活性炭脱除氯并不是单纯的物理吸附作用,而是在其表面发生催化作用,促使游离氯通过活性炭滤层时,很快水解并分解出氧原子:

$$Cl_2 + H_2O \rightleftharpoons HCl + HClO$$

$$HClO \longrightarrow HCl + [O]$$

原子氧与碳原子由于吸附作用迅速化合:

$$C + 2[O] \longrightarrow CO_2 \uparrow$$

可将氯与活性炭的反应综合为下式:

$$C+2Cl_2+2H_2O \longrightarrow 4HCl+CO_2 \uparrow$$

从上述反应式可以看出，活性炭除去游离氯要消耗活性炭，而不考虑活性炭吸附是否饱和问题。因此，活性炭用于除去游离氯可以运行到很长时间。

活性炭过滤器内装 1600~1700mm 高的优质果壳类活性炭，其粒度为 0.5~2.5mm，和 700~900mm 左右高的石英砂，石英砂一般粒度为 0.5~16mm，按不同粒度分为 5~6 层布置。活性炭粒度及石英砂粒度和层数，不同厂家产品差异很大。活性炭过滤器的运行流速为 8~15m/h。活性炭过滤器也要定期擦洗或化学处理，使用一定时间后要进行再生或更换，以恢复其吸附活性。反洗常用汽水混合反洗，反洗强度为：水洗 $10\sim13L/m^2 \cdot s$；气洗 $10\sim20 \ L/m^2 \cdot s$。

活性炭吸附法设备简单、投资少、运行操作简单，处理效果容易控制，因而广泛被应用。但是活性炭吸附有营养的有机物，提供了细菌繁殖的环境，有时经过活性炭过滤的水中，细菌含量会有所增加。井水中有机物较少，一般都没有游离氯，因此以井水为给水时，可以不考虑采用活性炭过滤器。

(4) 滤芯滤料过滤器。又称保安过滤器或精密过滤器，是经过常规过滤器后进行深度过滤的过滤器，除去粒度更小的悬浮杂质，使进入反渗透膜水的浊度、SDI、含铁量等都满足要求，保证反渗透膜安全运行，故又称保安过滤。它是在立式罐体中，垂直装置很多由聚丙烯缠绕成管状滤芯，滤芯的精度一般有 $1\mu m$、$5\mu m$、$10\mu m$、$20\mu m$ 等规格，一般用 $5\mu m$ 的滤芯，故又称 $5\mu m$ 过滤器。若这些大于 $5\mu m$ 的颗粒不除去，经高压泵加速后能击穿反渗透膜造成大量漏盐，或划伤高压泵的叶轮。

滤芯滤料过滤器效率很高，用 $5\mu m$ 滤芯，$>5\mu m$ 的颗粒基本可以全部滤除（透过的几率小于 0.05%，透过最大颗粒 $15\mu m$）；出水浊度可达 0.3NTU；含铁量 $<13\mu g/L$，SDI<3。除硅也有一定的效果，但不显著。其阻力很小，当一个滤芯水通量为 $0.5m^3/h$ 时，其阻力不大于 0.05MPa。有的厂家采用精度更高的滤芯，能

使粒径大于 $2\mu m$ 的去除率达 90%。

工艺流程是保安过滤器的出水,经高压泵直接进入反渗透装置。从反渗透系统的运行操作安全出发,保安过滤器、高压泵反渗透装置常采用"一对一的串联装置",即每套反渗透装置,分别配置一台保安过滤器和一台高压泵。

(5) 盘式过滤器。为最近由以色列引进的第一级过滤设备,一般与超滤联用,$0.2\sim0.3MPa$ 压力的原水先经过盘式过滤器,然后流入超滤。其目的是除去较大颗粒的物质,减轻超滤的负担。它属于精确过滤,其精度有 $20\mu m$、$50\mu m$、$100\mu m$ 及 $200\mu m$ 等不同规格,按原水水质、过滤等级及所需流量进行选型。常用精度为 $100\mu m$。盘式过滤器由若干过滤元件组成,而过滤元件由一组带沟槽的聚丙烯塑料盘构成。工作时过滤盘片在弹簧和水力的作用下,使水流经相邻盘上沟槽棱边形成的轮缘,将水中固体物截留。当过滤单元进出水压差升到一定值后,自控装置发出信号,启动反洗泵用清水进行反洗。反洗时盘片松开,过滤单元中央的喷嘴形成高压水流,沿切线方向喷射,使片旋转,而将盘上截留的固体物冲除。故盘式滤器也被称为全自动旋盘式过滤器。

反洗只需 $20\sim60$ 秒左右即可完成,而反洗水量只占出水量的 0.5%,所以一个过滤单元的反洗,并不影响整个盘式过滤器的连续出水。

盘式过滤器与多介质过滤器比较,有以下特点:

1) 过滤精度较高,一般盘式过滤器为 $100\mu m$,而多介质过滤器为 $200\mu m$;

2) 操作管理简单,维护工作量小,无需日常维修,仅需定期检查。过滤元件不易磨损和老化,寿命极长。而多介质过滤器需要日常维护和检查,需要补充添加滤料。但是盘式过滤器由于流速很高,所以只对水中较大颗粒的悬浮物有较好的去除能力,对水中细小的颗粒及胶体等可溶性物质的去除,远不如多介质过滤器。它与超滤联用,可以取长补短。

3) 可全自动运行和反洗,无人值守,而多介质过滤器需要人工操作。

4) 占地面积很小,甚至仅为同容量多介质过滤器的 1/20。

5) 反洗时间很短仅 20~60 秒,而多介质过滤器反洗需要 30 分钟,影响连续出水,需另设备用设备;反洗耗水量约占 5%,为盘式过滤器的十倍。当然盘式过滤器反洗效果比多介质过滤器要差些。

(6) 超滤(UF)装置。第 8.4.1 节已叙述过,超滤膜是由亲水性的聚醚砜中空纤维组成,这种材质的膜机械强度好;抗污染能力强;透水性好。它属于压力驱动型膜分离技术,推动压力差为 1.0MPa,其分离是分子级的,可截留水中溶解的 1~20 纳米(nm)的大分子溶质。

进水是从中空纤维的内部流进,产水是由内壁向外壁透过(称为内压式),由一端向另一端流动,逐渐收集从另一端流出。被截留的杂质就堆积在纤维内表面,使中空纤维的内外压差增加,当压差增加到一定值时(一般为 15psi),就要进行反冲洗,反冲洗的水可用反渗透的浓水,这样可以节省水耗。经过多次反冲洗后,可能在膜表面粘附着不易冲洗掉的污染物和微生物,就要进行化学清洗,一般化学药剂为盐酸、氢氧化钠或次氯酸钠等。

超滤装置一般都设置几套,每套各设一台变频供水泵。超滤的运行和反洗都采用自动控制。通过供水泵的调频装置调节超滤装置的进水压力至合适范围,以保证系统的产水量。设置一个清水箱,当负荷变化时,通过清水箱水位的变化,来控制个别供水泵的投运或停运,按改变同时运行供水泵的台数来适应负荷的变化。

超滤系统有以下特点:

1) 对于胶体及大分子有机物过滤效果好,出水水质好而稳定,出水 SDI 可达<2。因而可以延长反渗透膜元件的清洗周期和使用寿命。但对于小分子有机物及游离氯没有去除的作用,不能完全代替活性炭过滤,常需投加还原剂。

2) 操作维护简单,过滤元件损坏易于更换。易于实现自动化。超滤元件数量多,每支膜产水负担较轻,受污染程度也较轻,因而可增长膜元件的清洗周期,或提高产水量。

3) 超滤是横流过滤(又称交叉过滤),即浓水流动方向与产水流动方向成 90°交叉。若在浓水管道中设置阀门,不仅可以调节产水与浓水的比例,而且阀门全关闭,则由横流过滤改为全量过滤。因而超滤可适应水质的变化。但应注意浓差极化和污染程度的控制。

4) 占地空间小。

8.4.4.3 预处理的加药方式、药剂及有关技术问题

(1) 加药方式。预处理常用药剂主要从两个部位加入:在换热器后,过滤器前加凝聚剂、助凝剂、氧化剂、加酸;在反渗透装置之前,一般在水进入保安过滤器前加入阻垢剂和还原剂。

药剂一般都是直接加入具有压力的管道内,因此加药的方法几乎都是采用:设置药剂配置箱,用计量泵注入,有的还配置有药液储存箱。药剂的浓度按规定配制,计量泵的加药量根据在线流量计输出的 4~20mA 或脉冲信号进行自动调节。

药剂在泵附近加入时,采用在泵前管道中加入和在泵后管道中加入的都有。泵后管道内流体压力高,要求计量泵的扬程要高,电力消耗较多,故一般宜由泵前加入;除非药剂加入与泵的工作或性能有影响时才从泵后加入。

(2) 凝聚剂与助凝剂。凝聚剂(又称絮凝剂、混凝剂)分为铝盐(如:硫酸铝、聚合氯化铝—PAC)及铁盐(如:硫酸亚铁、氯化铁、聚合铁—PFS)两类,锅炉给水除盐常用铝盐。硫酸铝 $[AL_2(SO_4)_3]$ 的剂量与水中悬浮物含量有关,如表 8-4 所示。用硫酸铝作凝聚剂时,要求水温必须恒定,而且要进行适度的搅拌,使操作复杂。

硫酸铝剂量与水中悬浮物含量的关系　　表 8-4

水中悬浮物含量(mg/L)	100	200	400	600	800
硫酸铝用量(mg/L)	25~35	30~45	40~60	45~70	55~80

聚合氯化铝(PAC)是目前普遍采用的凝聚剂,其分子式可写

为：$Al_x(OH)_y^{3x-y}$。液态 PAC 的浓度为 11%，加药量为 5～25mg/L。

助凝剂是为了提高凝聚效果而投加的辅助药剂，很少单独作凝聚剂用。作为调节 pH 值而加入石灰或纯碱（Na_2CO_3）；作为氧化剂加入的氯或漂白粉 $Ca(ClO)_2$；作为絮状物加固剂的水玻璃（$Na_2O \cdot xSiO_2 \cdot yH_2O$）；作为高分子吸附剂加入的聚丙烯酰胺（PAM），都是助凝剂。现在普遍采用的是 PAM，其加药量不超过 1mg/L。目前市场供应的 PAM 有三种：阳离子型；中性；阴离子型。现在一般采用的 PA 反渗透膜在膜的表面都带负电荷，若遇到阳离子型的有机物或胶体，就会将其吸附在反渗透表面，这种污染很难通过化学清洗恢复反渗透膜的性能。因此不能用阳离子型的 PAM。

凝聚剂和助凝剂的用量应根据水质及其凝聚试验确定。制备 PAC 或 PAM 的溶解箱内要设搅拌器。

（3）阻垢剂。加阻垢剂几乎是所有反渗透除盐系统必须采用防止反渗透膜上结垢的措施。其作用是提高水中结垢的物质在水中的溶解度，使它们在反渗透装置的浓水中溶解不析出，而随浓水排出，以避免反渗透膜的表面结垢。

自然水源的水中 Ca^{2+}、Mg^{2+}、Ba^{2+}、Sr^{2+}、HCO_3^-、SO_4^{2-}、SiO_2 等倾向于结垢的离子浓度积一般都小于其平衡常数，不会产生结垢现象。但是水经过反渗透膜时，随着流程，水分子不断从原水中透过膜成为除盐水（产品水），水中杂质被截留在浓水中，浓水的含盐量逐渐增加，例如当回收率为 75% 时，浓水浓度约为进水浓度的 4 倍，难溶盐就可能析出而结垢。反渗透膜对水中 CO_2 的透过率几乎为 100%，而对 Ca^+ 的透过率几乎为零，所以随着流程流动浓水中 Ca^{2+} 浓度不断增加，pH 值也不断提高。pH 值的升高，会引起水中 HCO_3^- 转化为 CO_3^{2-} 极易生成碳酸钙（$CaCO_3$）水垢。

水中常见的难溶盐为：$CaCO_3$、$CaSO_4$、$SrSO_4$、$BaSO_4$、CaF_2、$Si(OH)_4$、$CaSiO_3$、$MgSiO_3$、$FeSiO_3$ 等。判断 $CaCO_3$ 的结垢倾向

用朗格里尔指数(LSI);其他难溶盐则用溶度积(Ksp)来判断。

用 LSI 判断中水 $CaCO_3$ 结垢倾向的方法为:

$$LSI = pH - pHs \tag{8-2}$$

式中　pH——运行温度下,水的实际 pH 值;

pHs——$CaCO_3$ 饱和时,水的 pH 值。

$$pHs = (9.30 + A + B) - (C + D) \tag{8-3}$$

式中　$A = (lg[TDS] - 1)/10$ （8-4）

$B = -13.12 \times lg(t + 273) + 34.55$ （8-5）

$C = lg[Ca^{2+}] - 0.4$ （8-6）

$D = lg[A_{IK}]$ （8-7）

而　[TDS]——水中总溶解固形物,mg/L;

t——水温,℉;

$[Ca^{2+}]$——水中 Ca^{2+} 浓度,mg/L,$CaCO_3$;

$[A_{IK}]$——水的碱度,mg/L,$CaCO_3$。

判断的标准是,不加阻碍剂时:

LSI<0,则水有溶解 $CaCO_3$ 倾向,不易结垢;

LSI>0,则水有生成 $CaCO_3$ 结垢倾向。

美国海德能公司反渗透膜元件的设计导则规定,浓水中:

不加阻垢剂时 LSI≤-0.2

加六偏磷酸钠(SHMP)时 LSI≤0.5

加有机阻垢剂时 LSI≤0.5

溶度积 Ksp 是多相离子平衡的平衡常数:

$$A_n B_{m(s)} \rightleftharpoons nA + mB$$

$$Ksp = [A]^n [B]^m$$

饱和平衡常数与水中 pH 值、温度和溶液中其他盐类的特性有关,但作为估算,这些变量对 Ksp 的影响可略而不计,常见难溶盐的 Ksp 见表 8-5。硅随 pH 值而改变其化学结构。其 Ksp 与其结构及温度有关,如果 RO 浓水中硅的含量超过 20mg/L 时,其结垢倾向,应另作详细估算(方法略)。

常见难溶盐的饱和平衡常数　　　　　表 8-5

盐	Ksp(离子以 mol/L 表示)	Ksp(离子以 mg/L 表示)
$CaSO_4$	2.5×10^{-5}	96300
$SrSO_4$	6.3×10^{-7}	5300
$BaSO_4$	2.0×10^{-10}	2.64
CaF_2	5.0×10^{-11}	723
$Si(OH)_4$	2.0×10^{-3}	96(mg/L　SiO_2)

若反渗透浓水中某种盐的离子积为 IPb，则判断标准是不加阻垢剂时：

IPb＞Ksp，盐从溶液中析出，有结垢倾向；

IPb＜Ksp，溶液为不饱和溶液，不易结垢。为慎重起见，一般要求 IPb≤0.8Ksp。

也有用饱和常数 Kb 来判断，Kb＝IPb/Ksp；

Kb＜1 时，不结垢；Kb＞1 时，易结垢。

常用阻垢剂的种类及特点如下：

1) 含羟酸基(—COOH)或磷酸根(PO_4^{3-})基因分子组成的阻垢剂，如低分子量的聚丙烯酸酯(分子量 1000～5000)属于此类。这种阻垢剂能极好地阻止碳酸盐垢的形成，但作为分散剂的作用有局限性。

2) 六偏磷酸钠(SHMP)，它成本低，有阻垢和分散剂的作用。但溶解困难，并且不稳定，因而已很少用。

3) 有机磷酸盐，是在 SHMP 的基础上改进的，在阻垢和作为分散剂的作用与 SHMP 类似，其不同点是官能基因互相吸引。

4) 高分子量(6000～25000)聚丙烯酸酯，是最好的分散剂，但其阻垢性能不如低分子量聚丙烯酸酯。

5) 混合阻垢剂，几种阻垢剂成分的混合，可取长补短，效果更好。但要注意各种阻垢剂的兼容性。目前国内多用进口商品牌号的阻垢剂，一般都属混合阻垢剂，根据水质不同而制成的系列产品，如 PTP 系列阻垢剂、FLOCON 系列阻垢剂。

加阻垢剂应起的作用有两点：一是提高朗格里尔指数的限值；

二是提高饱和常数的限值。例如：常用美国 King Lee PTP-0100 阻垢剂的性能为：

可使朗格里尔指数由负值提高至 2.8；

对其他的阻垢能力：

$CaSO_4/Ksp \times 100$ 为 230； $SiO_2/Ksp \times 100$ 为 100；
$SrSO_4/Ksp \times 100$ 为 800； $BaSO_4/Ksp \times 100$ 为 6000。

（4）加酸处理。反渗透膜对给水中 HCO_3^- 透过率，随给水的 pH 值而变化，如图 8-9 所示。pH 值越大，HCO_3^- 的透过率越小，

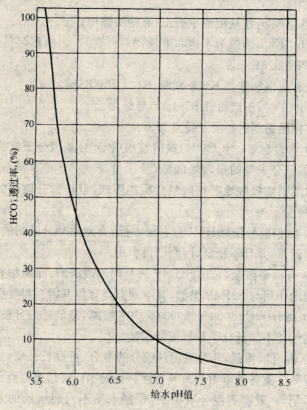

图 8-9　反渗透膜 HCO_3^- 透过率与 pH 值的关系
（美国杜邦公司芳香族聚酰胺膜）

浓水中 HCO_3^- 转化机率越高,越易结 $CaCO_3$ 垢。pH 值越大,水的碱度 $[A_{lK}]$ 越大,pHs 越小,朗格里尔指数 LSI 就越大,碳酸盐结垢倾向越严重。

总之,给水 pH 值越高,碳酸盐结垢倾向越严重,而水中加酸以调节给水的 pH 值,就成为防止产生 $CaCO_3$ 垢的一种措施。至于是加盐酸还是硫酸调节水的 pH 值,应根据具体情况而定。按反渗透膜的特性,氯离子 Cl^- 透过膜的量比硫酸根离子 SO_4^{2-} 要大,从出水水质出发,用硫酸比用盐酸为好。但是,加入硫酸会增大 Ca^{2+} 和 SO_4^{2-} 的离子积 IPb,增加了 $CaSO_4$ 在膜上沉淀、结垢的倾向,从这个观点出发,则以用盐酸为好。

AC 膜用加酸调节水的 pH 值为 5~6,以保护膜防止水解,这是另一种目的。

(5) 加氧化剂与还原剂。制造饮用水需要杀菌是为使产水符合饮用水标准,常作为反渗透的精处理。锅炉给水除盐预处理也常进行杀菌,那是为了避免微生物和细菌在膜上繁殖而损坏膜。制造饮用水常用紫外线消毒、臭氧消毒和加氧化剂三种方法,锅炉给水除盐一般不用前两种方法,而采用加氧化剂的方法。氧化剂种类很多,如加高锰酸钾($KMnO_4$)、双氧水(H_2O_2)和氯化物。由于价格和操作繁简,锅炉给水除盐都是采用加氯化物的方法,如加漂白粉 $[Ca(ClO)_2]$、氯气(Cl_2) 或次氯酸钠(NaClO)等,故又称"氯化处理"。特别是以氯气和次氯酸钠为杀菌剂更为常见。

NaClO 可以对水进行杀菌、灭藻和氧化有机物,它在水中发生水解:

$$NaClO + H_2O \rightleftharpoons HClO + NaOH$$

HClO 是弱酸,在水中电离:

$$HClO \rightleftharpoons H^+ + ClO^-$$

HClO 和 ClO^- 都有较强的氧化能力,但 HClO 的氧化能力比 ClO^- 要轻得多。而 HClO 与 ClO^- 在水中所占的比例除了受温度的影响外,主要取决于水的 pH 值,其关系如表 8-6 所示。

pH 值与 HClO 和 ClO⁻ 比例的关系　　　　　　　　表 8-6

pH 值	3	4	5	6	6.5	7	7.5	8	9	10
HClO(%)	99.997	99.967	99.671	96.805	90.544	75.188	48.438	23.256	2.941	0.302
ClO⁻(%)	0.003	0.033	0.329	3.195	9.456	24.812	51.562	76.744	97.059	99.698

从表 8-6 不难看出,要达到良好的杀菌效果,pH 值不宜过高。pH 在 5~6.5 时,水中的氯 90% 以上以 HClO 形式存在,具有较好的杀菌效果;当 pH 大于 9 时,水中的氯主要是以 ClO⁻ 形式存在,杀菌效果极差。氯化消毒、杀菌的效果与氯的浓度、接触时间、pH 值和水温有关。

在 8.4.1 节已叙述,聚酰胺膜或复合膜的进水必须除去游离氯。所谓游离氯是指水溶性分子氯、次氯酸或次氯酸根或它们的混合物。经杀菌、消毒后的水中存在的游离氯必须除去。其去除氯的方法,常用的有两种:一是采用活性炭过滤器;二是向水中投加还原剂。

最常用的还原剂是亚硫酸钠(Na_2SO_3)、亚硫酸氢钠($NaHSO_3$)或偏亚硫酸钠(NaS_2O_5)。$NaHSO_3$ 一般以液态供应,其他两种药剂一般固态颗粒供应。

还原剂消除水中残留的游离氯及氧化剂,常能与水中溶解氧发生反应。因此,计算还原剂的用量时,不仅要按化学反应式计算去氯需消耗的量,还要考虑与水中溶解氧反应需消耗的量。在还原剂的贮存时也要避免长期与空气接触而氧化变质。

8.4.4.4　预处理的典型系统

综合上述预处理设备及加药措施,组成的预处理典型系统有两种:

(1) 传统工艺系统:

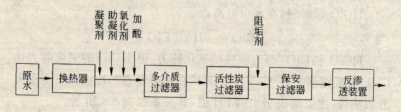

这个系统中换热器、加凝聚剂、多介质过滤器、活性炭过滤器、加阻垢剂、保安过滤器都是必需的。助凝剂、加氧化剂、加酸是否需要视水质和设计意图而定。设有活性炭过滤器,即使水中加了氧化剂或有游离氯也不必再加还原剂。小型制饮用水系统也有预处理设软化器不加阻垢剂的,锅炉给水除盐则一般不采用。

（2）超滤系统:

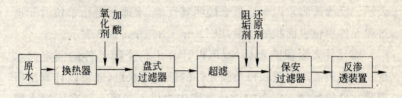

这个系统:换热器、盘式过滤器、超滤。加阻垢剂是必需的。是否在超滤之后还要设保安过滤器有不同看法,有人认为超滤出水可达透过悬浮物$<5\mu m$,故不必设保安过滤器;有人则认为为了保证反渗透器运行安全,还是再设保安过滤器为好。由于没有多介质过滤器,故不需加凝聚剂和助凝剂。由于没有活性炭过滤器,若水中有游离氯或向水中投加氧化剂,则必须投加还原剂。至于是否投加氧化剂或加酸,则视水质和设计意图而定。

超滤系统是最近发展的预处理系统,它与传统工艺相比有这些优点:(a)出水水质更高并更稳定,SDI可达<2;而传统工艺系统一般为<4;(b)省去投加凝聚剂或助凝剂等加药系统,操作强度减轻,并易实现全部自动控制;(c)占地面积及空间少。但是目前设备投资费用较贵,运行经验不如传统工艺成熟。

反渗透水处理是否安全可靠很大程度取决于预处理,据统计,系统故障80%由于预处理设计或运行不良。

8.4.5 反渗透膜组件的组成及运行

现在锅炉给水除盐使用的反渗透膜普遍采用PA膜、复合膜、卷式元件。以下所述以及8.4.4节叙述的预处理和8.4.6节将要叙述的精处理,都是针对这种膜组成的反渗透装置而言。其他较少应用的CA膜或中空纤维式结构的技术问题,大部分与卷式PA

膜、复合膜相同,但是也有些地方有些区别,这些区别有些地方一并叙述,但不作全面叙述。

8.4.5.1 膜元件透水量及系统回收率的确定

设计反渗透装置时要考虑最重要的因素就是膜元件的透水量,实际上就是膜过滤的滤速,它直接关系到反渗透装置的截污能力和出水质量。透水量是以单位时间透过膜元件的水量,m^3/d 或 m^3/h 表示。反渗透膜常以水通量来说明其性能,水通量是指单位时间透过膜元件单位表面积的水量,以 $L/m^2 \cdot h$ 或 $gai/ft^2 d$ 表示。

膜元件表面积确定后,就可以计算出每个膜元件的额定透水量。根据所需产水量和每个膜元件的额定透水量,就可以计算出所需膜元件的数量。厂商的设计导则中提供不同膜元件在不同水源(SDI 不同)条件下膜元件的透水量和每年透水量下降百分数。

膜元件数确定不变的条件下,要提高膜的透水量,必须提高运行压力。但是以提高运行压力来提高透水量,会导致膜表面污染速度加快,需要频繁清洗而降低膜的使用寿命。因此,采用多大运行压力,采用多大透水量,要经过技术经济比较,一般都不采用其极限值。以上的叙述和计算方法对中空纤维式膜也适用,仅将"元件"改为"组件"。

反渗透系统中,水回收率的提高,有利于减少浓水的排放量,节约用水。但是,回收率也不是可以无限制的提高,而是有其上限。回收率的上限主要与以下两个因素有关:

(1) 浓水的最大浓度。给水进入时,含难溶盐物质的浓度不大,在反渗透装置中流过,由于水不断从膜透过,浓水中溶质基本不变,而水分子不断减少,因而浓水的浓度也不断增大,这称为不断"浓缩"。浓水中溶质的浓度与给水进入时浓度的比值,称为浓缩倍数。很显然回收率越高,浓水的浓缩倍数也越大,其关系如表 8-7 所示:

回收率与浓缩倍数的关系　　　　表 8-7

回收率	10	20	30	40	50	60	70	75	80	85	90	95
浓缩倍数	1.11	1.25	1.43	1.67	2.00	2.50	3.33	4.00	5.00	6.67	10	20

浓水浓度越高,其难溶盐的离子积 IPb 越大,为了使 IPb≤0.8Ksp 必定有个最大浓度的限制,也就是说回收率上限有个限制。

(2) 膜元件的最低浓水流速。浓水的流速必须是稳定而均匀的,同时也有必要防止浓差极化。出现浓差极化,必然会引起膜表面溶液的渗透压增大,水透过反渗透膜的阻力也增大,于是,使膜的透水量和脱盐率降低,而且还会有一些难溶盐类在膜表面上沉淀。为了避免发生浓差极化,要使水保持一定的流速,使流动保持紊流状态,将膜表面浓度的增加减少到最低值。

回收率越高,系统最后排出的浓水浓度越高,相应地最后膜元件的渗透水浓度越高;出现浓差极化的程度越大,膜表面溶液的渗透压越大。这些现象都会使出水水质下降。回收率越低,透水量越小,膜元件的透水量越小,相同产水量必然膜元件的数量要增加,造成成本提高。因而回收率的确定,也应通过技术经济比较而定,一般小型 RO 系统,产水量小,成本不是优先考虑的问题,采用较低的回收率,通常低于 30%～50%,这样对控制难溶盐的溶解度上较安全。而锅炉给水除盐通常采用 75%,这个回收率被称为"标准系统回收率"。采用 75% 的原因一是便于压力容器的排列,另一原因是由于如图 8-10 所示,产品水质量与回收率曲线上,回收率为 75% 时是曲线的转折点,超过 75%,水质将急剧下降。

生产膜元件的厂商,对不同材质,不同形式及规格的压力容器,规定了每个压力容器内膜元件数不同时的最大回收率,在设计中应严格遵守。

8.4.5.2 卷式膜组件的合理排列组合

卷式膜组件是指由一个或多个膜元件串联起来,放置在压力容器内,称为一个组件。膜组件的排列组合是否合理,对膜元件的使用寿命至关重要。若组件少了,将造成单个膜元件的水通量过大,而缩短了膜元件的使用寿命。若排列组合不合理而造成某一段内膜元件水通量过大,而另一段内膜元件水通量过小,则不能充分发挥其作用。水通量大的膜元件污染速度加快,需频繁清洗,甚至膜元件很快需要更换,造成经济损失。

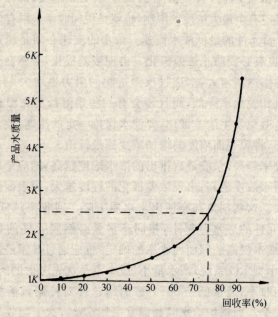

图 8-10 回收率对产品水质量的影响

膜组件的合理排列,需要达到以下目的:
(1) 水流处于紊流状态,把污染和结垢倾向降至最低;
(2) 系统内压差降至最低;
(3) 最后膜元件的浓水流速达到最低要求。

膜组件的排列组合方法有两种:
(1) 系数法。为了保持每个组件中处于大致相同的流动状态,必须将组件分为多段排列,若干个段组成一个级。每级内的段间,前一段的浓水作为下一段的给水,各段的产品水并联流至水箱,再经水泵送至第二级作为给水,也就是级间是产品水串联,如图 8-11 所示。图 8-11(a)为两级,每级各一段,总共两段,故称两级两段。图 8-11(b)第一级二段,第二级三段,故称二级五段。若图 8-11(b)第一级及第二级不用水箱水泵串联,而分为两个系统,则其原第一级称为一级二段;原第二级称为一级三段。

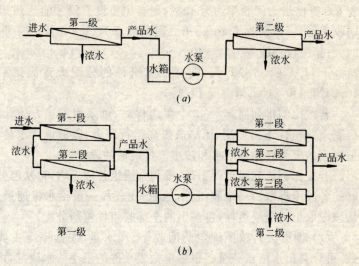

图 8-11 段和级的示例
(a) 二级二段处理(每级各一段);(b) 二级五段处理(第一级二段,第二级三段)

系数法的排列方法是确定采用何种规格的膜,按膜生产厂商提出的膜组件的最大回收率值,在确定系统的回收率后,先求出达到系统回收率时所需膜组件的段数。现举例说明:若确定回收率为 75%,采用海德能的 8060 规格每组件装 4 个膜元件的膜。从表 8-8 查得其回收率约为 50%,要达到 75% 的回收率,必须要设两段:第一段回收率为 50%;第二段回收率为 $(1-50\%) \times 50\% = 25\%$。$50\% + 25\% = 75\%$。根据所需产水量和膜元件的额定透水量计算的膜元件数,按两段回水率的比值分配,即总膜组件数的 2/3 布置在第一段;1/3 的组件布置在第二段。

海德能膜组件最大回收率						表 8-8
膜元件/每个压力容器	1	2	3	4	5	6
最大回收率 8040	16	29	38	44	49	53
8060	20	36	47	55		

若采用 8040 规格,每个压力容器 4 个膜元件的组件。同样从

表 8-8 查出最大回收率约为 40%，则必须要设三段才能达到 75% 回收率：第一段回收率 40%；第二段回收率为 $(1-40\%)\times 40\% = 24\%$；第三段回收率为 $(1-40\%-24\%)\times 40\% = 14.4\%$。$40\% + 24\% + 14.4\% = 78.4\%$。则三段膜组件的分配大致为第一段 40%；第二段 24%；第三段 14.4%。

若按比例排列尚剩 1~2 个膜组件时，可采用下述方法处理：1) 剩余膜组件不再使用，而略微提高运行压力，以保证产水量；2) 把剩余的膜组件加到给水和浓水流量最低的段中。

若按比例排列膜组件不足，或剩余膜组件较多时，可从已分布好的各段中都取消一个膜组件，然后，比较那一段给水流速最低，从该段取出一个膜组件，将多出的全部膜组件重新分配。

(2) 倒推法。按照确定的回收率、产水量、脱盐率等主要参数，可计算出水浓水流量。根据单个膜元件的最小浓水流量，可计算出最后一段的膜组件数。最后一段的给水流量即为前一段的浓水流量，计算出前一段（即倒数第二段）的膜组件数。按此计算方法逐步推算前一段所需的膜组件数。依次逐步向前推算，可得出各段所需的膜组件数。若计算的总膜组件有剩余或短缺，其处理方法与系数法相同。

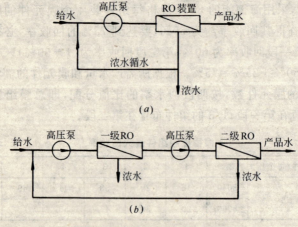

图 8-12 有浓水循环的 RO 系统
(a) 有浓水循环的 RO 系统；(b) 二级 RO 系统

为了提高系统的回收率有时采用有浓水循环的组合方式,如图 8-12 所示。图 8-12(a)为一级系统;图 8-12(b)为二级系统。

有时为了平衡每段的渗透水流量,通过一定的手段,降低第一段的渗透水流量,增加最后段的渗透水流量,称为系统排列流量平衡。流量平衡可通过两种方法实现:图 8-13(a)所示在第一段出水管上装一个阀门,通过对阀门的调节,使背压提高,渗透水流量降低。这样第二段较高的给水压力,可以提高渗透水流量。另一种方法如图 8-13(b)所示,是在两段间增设一台升压泵,来提高第二段压力,使渗透水流量增加。图 8-13(a)所示方法投资成本低,只要安装一个阀门,但由于节流,消耗电能较多。图 8-13(b)所示方法投资成本较高,但是电能消耗较少。

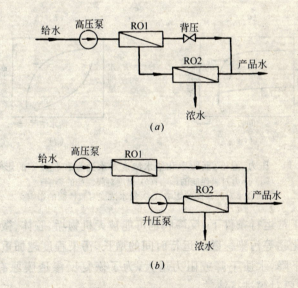

图 8-13 系统排列流量平衡
(a) 渗透水管线上有背压的二段 RO 系统;
(b) 有段间升压泵的二段 RO 系统

8.4.5.3 反渗透装置的运行与清洗反渗透装置调试后即可投入运行,运行前运行人员必须认真熟悉和学习使用说明书和手册,严格按照规定操作、记录和监视,并应根据本单位的具体条件,拟定操作规程。

运行好坏主要看:(1)产品水流量是否达到要求;(2)出水水质是否符合要求;(3)运行是否稳定,压力、温度、压差、回收率等参数是否变化。对反渗透膜主要特性发生影响的因素,主要是压力、温度、回收率和给水浓度。图 8-14 所示为这些因素的变化对水通量和脱盐率的影响。

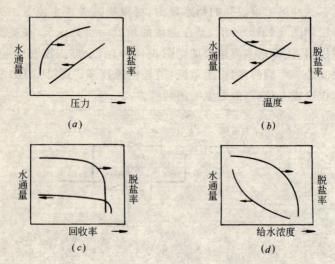

图 8-14 压力、温度、回收率和给水浓度对水通量和脱盐率的影响
(a) 压力对膜性能的影响;(b) 温度对膜性能的影响;
(c) 回收率对膜性能的影响;(d) 给水浓度对膜性能的影响

在正常运行条件下,反渗膜也可能被无机物垢、胶体、微生物、金属氧化物等污染。随着运行时间的增长,污染程度越加重,导致产水量下降,水质下降或阻力增大,为了恢复反渗透膜原有的性能,就需要对膜进行清洗。

清洗条件应根据膜制造厂商提供的清洗导则进行。在正常运行条件下,一般凡是具备下列条件之一者,均需要对膜进行清洗:

1) 正常压力下,产水量比正常值下降 10%~15%;
2) RO 各段间的压差增加 10%~15%,或工作压力需增高 10%~15%;

3) 系统脱盐率下降 1%～2%，或盐透过率增加 10%～15%。

此外，已证实有污染或结垢发生，或发生事故需要清洗时，也应进行清洗。

清洗的设备系统包括一个清洗箱，一台清洗泵，将清洗箱中的清洗液，经保安过滤注入反渗透装置。排除的清洗液返回清洗箱进行循环，也有支管可通向地沟。清洗泵出口管道上有支管通至清洗箱，溶解药剂时，可由阀门截断清洗泵出口通向保安过滤器的管道，而开启通向清洗箱的支管，使清洗液在清水箱中不断循环，以加强药剂的溶解。

清洗的药剂，不同膜的生产厂商采用的不完全一致，故其具体配方应向膜制造厂索取，按其规定配制。污染物种类不同，采用清洗液的药剂也不同。表 8-9 所列即为常见一些厂家，针对不同污染物药剂配方的举例。

清洗药剂的配制　　　　　　表 8-9

污染物	药制成分	1000L 无游离氯反渗透产品水中加入量	pH 调节
碳酸钙 金属氧化物	柠檬酸	20kg	2.5～3.5
硫酸钙 有机物 胶体	三聚磷酸钠 EDTA 四钠盐	20kg 18.5kg	10～11
有机物 (严重污染)	三聚磷酸钠 十二烷基苯磺酸钠	20kg 5.6kg	10～11
微生物 细菌	甲醛	(0.5%～1.0%浓度)	—

选择药剂时应注意：

1) 清洗液中切勿含游离氯；
2) 在清洗液中应避免使用阳离子表面活性剂；
3) 清洗液 pH 值勿小于 2，勿大于 11。

上述这三条若不遵守都会使 PA 膜或复合膜受到损坏。

对多段的反渗透装置应分段进行清洗，清洗的水流方向与运行方向相同。只有污染轻微时，才允许多段一起清洗。清洗液一般不排放,返回清洗箱,循环使用。当膜元件严重污染时,才将最初几分钟的清洗液排至地沟,然后再循环。在清洗膜元件时,有关的清洗系统应用水冲洗干净,以免污染膜元件。

清洗过程中要监测清洗水的温度、压力、pH 值和清洗液颜色的变化。温度一般不超过 40℃。运行压力以能完成清洗过程即可,流速对 8 英寸膜元件的压力容器采用 130～150L/min;对 6 英寸膜元件采用 55～75L/min;对 4 英寸膜元件采用 35～40L/min。压力容器两端压降不应超过 0.35MPa(单个膜元件压降不超过 0.07MPa)。在清洗循环过程中,清洗液 pH 升高,说明酸在溶解无机垢,pH 值升高较多时,需加酸使 pH 值恢复到设计值。

一般情况下,清洗每一段循环时间可为 1～1.5h,污染物严重时应延长时间。清洗完毕后,要用反渗透的出水冲洗 RO 装置,时间不少于 20min。当膜污染严重时,清洗第一段的溶液不要用来清洗第二段,重新配制清洗液。

8.4.6 反渗透系统的精处理

经反渗透处理后的出水,水质常达不到用水对水质的要求,还需要做进一步的处理,常称为精处理或后处理。处理的内容、形式和深度主要取决于水的用途。饮用水常需要消毒杀菌,或减轻腐蚀保护水管;锅炉给水脱盐处理,主要要求出水达到下述四个指标:(1)零硬度;(2)电导率≤0.2μs/cm;(3)SiO_2≤20μg/L;(4)pH=8.8～9.3。也就是要求进一步除盐(含除硬度及除硅)和调节 pH 值。

8.4.6.1 精处理的设备系统

锅炉给水除盐精处理,基本上有两种系统:混床(离子交换法)系统及 EDI 系统。有关 EDI 的技术问题,将在 8.4.6.2 节阐述。

(1)混床系统:

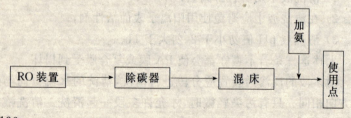

这个系统也是传统系统,主要设备是混床,也可以用阴阳离子交换复床。加氨是为了调节 pH 值,这两种装置是必须设置的。复床及混床技术的基本问题在 8.3 节中已阐述。采用加氨水(NH_4OH)调节 pH 值最为常用,但氨水对人体器官有明显的刺激作用,要求操作场地有良好的通风设备。

至于是否要设置除碳器,不同水质、不同设计各不相同。反渗透膜对水中 HCO_3^- 有很高的脱除率,而对游离 CO_2 则几乎全部透过。反渗透装置出水若含游离 CO_2 高,当其流经后级离子交换处理过程中,游离 CO_2 可被阴树脂除去,而使阴树脂很快失效。通过脱碳后可使水中游离 CO_2 含量降低到 5mg/L 以下,而延长了混床的运行周期,减少了频繁再生给操作带来的负担;故主张设置除碳器,特别是处理有加酸处理;或水中游离氯较多,这些氯在活性炭过滤中被除去,而产生 CO_2 等。但设置除碳器就有水箱,要增设水泵,投资费用增加,有人主张不是水中含 CO_2 很多时,一般不必设除碳器。

(2) EDI 系统:

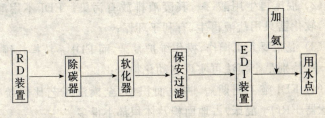

这个系统,EDI 装置是主要设备,但 EDI 要求进水硬度小于 $1.0mg/L(CaCO_3)$,RO 出水的硬度都比这个数值高得多,故必须在 EDI 之前设软化器,在软化器之后一般都不装保安过滤器。

很显然,这两个方案的主要区别在于进一步除盐是采用混床,还是软化器+EDI。对这两种方案的评议,看法分歧很大。

一种意见是主张采用混床系统,而不主张用 EDI 系统,特别是较大的系统。理由是:

(1) EDI 系统的投资费用比混床系统要高得多,而且控制水

平和运行费用也高得多;

(2) EDI 装置本身存在一个模块有效使用时间的问题,最多 3 年就要更换;

(3) 国外 EDI 前的反渗透都采用双级反渗透以确保 EDI 的安全运行。而采用混床系统可只采用一级反渗透即可。若 EDI 系统采用一级反渗透,必定要设置软化器,而钠离子交换树脂本身就存在有微量有机物,会产生 EDI 模块的有机污染;

(4) 混床运行经验丰富,运行可靠。而 EDI 系统要求操作水平高,特别是系统越大,EDI 装置乃至整个系统的操作水平要求越高,而且要求操作人员的责任心非常强,稍有疏忽就可能会酿成重大问题。目前国内 100m³/h 出水量的 EDI 系统为数不多。

另一种意见则积极推荐采用 EDI 系统,特别是"全膜法"系统。所谓全膜法就是预处理用超滤系统;中间采用 RO 系统;精处理用 EDI 系统。其理由是:

(1) 混床再生前、后出水水质不稳定,而 EDI 出水水质稳定;特别是全膜法预处理水质好,可延长 RO 膜使用寿命;

(2) 混床再生用酸、碱,其废液排放有污染。EDI 不用酸、碱再生,软化器只用盐液再生,有利于环保;

(3) 混床要人工操作,操作维护复杂,而 EDI 系统操作维护比较简单,特别是全模法可实现自动化控制;

(4) EDI 施工周期短,占地面积小,全模法工艺比传统工艺(过滤器+RO+混床)占地面积及体积都小得多。

8.4.6.2 EDI 技术

EDI(Electrodeionijation)是 20 世纪 80 年代逐步兴起的,将电渗析和离子交换技术相结合的除盐新技术,是在电渗析的给水室中填充阴阳离子交换树脂。其结构及工作原理如图 8-15 所示。EDI 由给水室或称淡水室(D 室)、浓水室(C 室)和电极室(E 室)组成,D 室和 C 室之间装有阴离子交换膜或阳离子交换膜,E 室内有阳极,另一侧有阴极,通电后基本上就是一个电渗析装置。D 室内混装有 H^+ 型阳树脂和 OH^- 型阴树脂,类似混床。所不同的是这些树脂的再生不是按传统工艺用酸、碱再生,而是由直流电能的作用,使水分解出 H^+ 和 OH^- 进行连续再生,这不仅设备简单和水质稳定,而且有利于环保。图 8-15 中以 NaCl 表示盐类,用箭头表示水流及离子电迁移的方向。树脂的作用是离子的导体,其工作状态是连续稳定的,树脂的存在可以大大提高离子的迁移速度。树脂可使用一年以上,树脂失效时就进行更换。

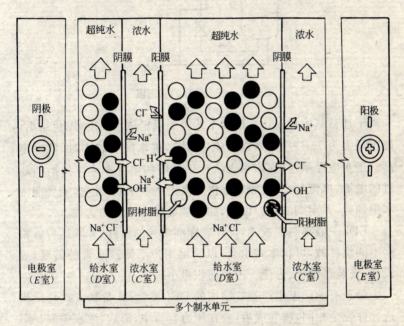

图 8-15　EDI 的结构示意及工作原理

浓水室(C 室)的浓水通过离心泵进行循环,称为浓水循环(或 C 循环)。为了防止浓水中难溶盐达到沉积状态,需要连续地从 C 室中排去一部分水,从 EDI 的给水中补充进一部分水。设阀门调节浓水循环的流量,可确定 EDI 装置的回收率。排除的浓水可返回至 RO 预处理的入口。电极水则直接排除。图 8-16 所示即为浓水循环的系统图。产品水管及浓水管上都设有水取样点。

EDI 要维持一定的电流才能提供很高的出水水质,因为电流

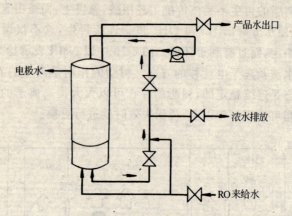

图 8-16 浓水循环的系统图

与离子迁移基本成正比。EDI 工艺需要限定进水硬度,以免结垢,硬度最大为 1.0×10^{-6}(以 $CaCO_3$ 计),进水硬度越小,回收率越高。进水电导率过低,浓水无法产生足够的电导率来维持所需通过的电流,电流过小,就难以提供很高的产水水质,此时,需要向浓水中加盐,并定期清洗。因此,加盐装置作为系统的选件。

EDI 一般都制成板式,设计成标准单元的组件,并联运行。根据不同组件数,可积木式组合,以满足用户不同产水量的需要,故设计、安装都简单、方便。占地面积也小。

最近有的厂家生产卷式结构的 DEI 装置;其卷制方式与反渗透元件完全相同,膜卷成后,放在压力容器中,形成"浓水空间—阴膜—淡水空间—阳膜—浓水空间—阴膜—淡水空间—阳膜"这样的排列。卷膜的中心及压力容器最外部位,分别设有电接点接通电源,而形成电极室。卷式 EDI 与板式 EDI 比较,具有以下优点:(1)流道畅通、压降低、运行电压低、能耗小;(2)全封闭设计,杜绝泄漏;元件和壳体可分离结构,可方便地更换树脂与元件,维护保养更为方便;(3)进水硬度及 SDI 等指标更宽(详见表 8-10 注),适应性更广。

综上所述,EDI 有以下特点:

(1) EDI 不需化学再生,无废酸液和碱液排放的污染;

(2) 不需停机再生,可连续生产,易自动控制;

(3) 组件模块化,可积木式组合,设计及安装简单,占地面积小;

(4) 运行费用比混床系统低;

(5) 水质较稳定,出水水质好,作为反渗透的精处理,出水电导率可稳定在 $0.1\mu s/cm$ 以下,除硅效果也较好。

但是,也存在以下问题:

(1) 设备投资费用比混床高。

(2) 对给水水质要求高,如表 8-10 所示。这就要求 RO 出水水质正常,或设软化水设备等。若预处理及 RO 运行不正常,EDI 出水水质就难以良好。

EDI 对给水水质要求　　　表 8-10

项目	单位	最大值	项目	单位	最大值
硬度	$\times 10^{-6}(CaCO_3)$	1.0*	H_2S	$\times 10^{-6}$	0.01
有机物(TOC)	$\times 10^{-6}$	0.5	残余氯	$\times 10^{-6}$	0.05
pH	—	6~9	O_3	$\times 10^{-6}$	0.02
SDI	—	1.0**	SiO_2	$\times 10^{-6}$	0.5
Fe	$\times 10^{-6}$	0.01	CO_2	$\times 10^{-6}$	10
Mn	$\times 10^{-6}$	0.01			

注:*卷式结构为 2.0;**卷式结构为 1.5。

(3) 对操作运行技术要求高,运行影响因素多。要是 EDI 运行稳定和出水水质好,就要求很多运行参数都保持在最佳范围。如:电流、电压要保持一定值:电流过小出水水质就要下降;电压过低推动力不足,部分离子就不能迁移入浓水室,而残留于纯水中;电压过高,多余的电压将水电解,而增大电流,同时引起离子极化,并产生反向扩散,降低产品水的电阻率,而使电导率升高。还要保持浓水和电极水的出口压力必须低于产品水的压力,否则不能保证产品水水质。还要控制浓水循环的流量,保持正常回收率,回收率过低耗水多而不经济;回收率过高,结垢倾向更大。再如,EDI的除硅效果必须是电导率在小于 $0.1\mu s/cm$ 时才比较有效。

(4) 市场上 EDI 的产品质量差别太大,合格的产品其出水的电导率应该稳定在 $0.1\mu s/cm$ 以下。但有的产品离子交换膜的质量差、寿命短;有的电流密度分布不均匀,其初始出水的电导率就在 $0.2\mu s/cm$ 左右,经 1~2 个月后电导率升至 $0.5\mu s/cm$,运行 3~6 月后,电导率甚至高达 $1\mu s/cm$ 以上。

8.4.7 反渗透系统及设备的选择

采用反渗透工艺,第一遇到的问题,就是选择、确定其工艺系统和设备。这是一项技术性很强,需要认真、仔细研究的问题。

由于预处理基本上有"传统工艺"和"超滤"两种系统;精处理也基本上有"混床"和"EDI"两种系统。按排列组合,反渗透工艺系统,基本上有四种,即:

(1) 传统工艺+RO+混床;

(2) 传统工艺+RO+EDI;

(3) 超滤+RO+混床;

(4) 超滤+RO+EDI。

这四种系统都是可以达到要求的途径,其技术上各有优缺点。在经济上一般的规律是:越新的技术,自动化程度越高,设备投资也越高,但运行费用越低。

常有这样的情况,虽然两个厂商都选定或推荐相同的反渗透工艺系统,但设备配制不一样;或是同选用一种设备,但制造厂家、型号、规格不同,其性能、质量差异很大。

技术问题之间、技术与经济之间有相互关联的关系,若不进行分析研究,有时会导致错误的结论。例如:有的厂商或设计者为了降低装置的造价,增加市场竞争能力,对运行压力、透水量、回收率等膜元件的性能参数都采用极限值,而使用较少的膜元件,使造价相对较低。但是可能会导致膜表面污染速度加快,清洗频繁,不利于延长膜的使用寿命。又如:某厂生产的 EDI 要求的工作电压很低,能源消耗少,运行费用明显降低,但是可能由于电压低,使得电流低而影响出水水质。又如:卷式反渗透膜的装置一般都是选定回水率为75%。但某厂采用回收率最高可达85%,浓水由浓缩4倍将提高至6.67倍,在防止结垢和污染上,就要特别注意。

考核供应厂商的业绩,并进行实地考察,是判断效果和质量必须的和最好的一种方法。但是有时也应进行分析研究,因为水质不同,运行条件也不同,相同的系统和设备在甲地有效,在乙地不一定不会发生问题。

一般供货商都应提供按膜制造厂家提供的软件,进行膜元件计算的计算书。计算书一般应包括以下的内容:

(1) 计算用软件名称。

(2) 基础计算数据:供水的类别;供水的压力、温度、流量、pH值等数据;膜的水通量、生水流量、回收率、除盐率等性能方面的数据。有的软件提供膜的使用寿命及每年衰减百分数等方面数据;有的软件提供渗漏压及推荐阻垢剂和其剂量、用量方面数据。

(3) 膜软件组合的数据:给出膜的型号;压力容器及膜元件的总数;每个压力容器中元件数;反渗透装置中这些元件的组合方式,以及背压、供水和出水的压力及渗漏压等数据。

(4) 各膜元件工况的数据:提供每个元件的供水压力、压降、出水流量、水通量及含盐量;浓水渗透压及难溶盐类的饱和水平等方面的数据。

(5) 水质及水处理有关数据,它包含:

1) 给水、产品水、浓水中各种离子的含量;

2) 结垢问题的计算;给水、浓水水质的 pH 和 LSI 等指数;溶解固形物(TDS)及碳酸根离子等的含量(mg/L);难溶液及 SiO_2 等饱和的百分数;

3) 加阻垢剂后的阻垢能力;

4) 其他有关限值,或认为必须列入的资料或参考数据。

要仔细阅读有关技术文件的内容,对其方案、设备、数值的选取和计算;对技术问题间相互的关连,或技术与经济问题相互的关连进行分析,找出问题。针对存在的问题分别要求厂商进行答疑、答辩。

计算机计算书的分析研究常被忽视。计算机的计算数据不仅与方案及设备选择密切相关,而且其本身就有不少问题值得探讨。例如:所用软件是否与所用膜符合;采取的原始数据是应按水质最差季节(如地表水的河流枯水季)为准,还是以各种离子的最大值计算;计算结果是否符合规律,是否符合设计导则的要求。一般同一软件、同一水质、相同的膜及类似的组合,其计算结果差异不应很大。若差异很大,就应找出其存在的问题。

8.4.8 EUI 固膜

UEI 固膜结构的基础是一种高分子聚合物,叫做 Sup-polymer,一种特殊的水合酶嵌入 Sup-polymer 的分子链中。水合酶具有很强的水合性,能够使水进入和通过 UEI 固膜。Sup-polymer 的进水侧有一层免于堵塞的 α-皮层;另一侧(纯水侧)有一层单向的 β-皮层,在 8.4.1 节中已叙述。

不同种类的水合酶构成不同型号的 UEI 固膜。按功能 UEI 固膜目前分为 A、B、C、D、L、S 六种型号,其参数及性能列于表 8-11。除 S 型膜专用于海水淡化,允许进水水质最宽,浊度、SDI 都可以较高,pH 范围也最广;这种膜抗腐蚀能力强,允许进水游离氯含量大;应用压力最大,流量最小而压降最高。其余 A、B、C、D、L 五种膜都用于地表水或地下水。其中 A 型膜阻塞率最低,适用于溶解固形物(TDS)和污染密度指数(SDI)较高的水。B 型膜为超低压膜,对进水水质要求较低,运行经济,适应于前端处理;对有机物和细菌的去除率高,能耐较高的游离氯含量和刺激性化学物质。C 型膜去盐率及产水率都高,应用压力较低,对硅的去除率很高。D 型膜除盐率及产水率都略高于 C 型膜,应用压力与 C 型膜相近,但除硅效果不如 C 型膜。D 型膜适应于末端处理。L 型膜为除盐率极高,产水率也很高的膜,其产水纯度很高,适应于制造超纯水,由于其价格很贵,锅炉给水除盐上一般不用。

UEI 固膜产品参数及性能 表 8-11

	固膜型号	A	B	C	D	L	S
参数	尺寸规格	8040	8040	8040	8040	8040	8040
	作用面积(m^2)(ft^2)	39.02(420)	39.02(420)	40.97(440)	41.34(445)	41.8(450)	37.16(400)
测试条件	NaCl($\times 10^{-6}$)	1000~2000	1500~3000	1000~1500	700~1000	3000~5000	20000~35000
	应用压力(MPa)(psig)	0.38~0.69 (55~80)	0.28~0.69 (40~60)	0.41~0.69 (60~100)	0.45~0.69 (65~100)	0.55~0.69 (80~100)	1.79~2.62 (260~380)
	工作温度(℃)(℉)	18~50 (65~120)	18~50 (65~120)	18~50 (65~120)	18~50 (65~120)	18~50 (65~120)	18~50 (65~120)
	pH 范围	3~9	2~11	4~9	5~9	4~9	2~12
	产水率(%)	85~87	86~90	88~93	95	90~95	75
出水中含量及流量	二价以上盐(mg/L)	<0.2	<0.01	<0.001	0	0	海水淡化淡水含盐<0.01
	一价盐(mg/L)	<0.6	<0.1	<0.02	<0.0003	0	
	有机物(mg/L)	<0.5	<0.001	<0.001	<0.001	0	
	硅(mg/L)	<0.7	<0.1	<0.001	<0.01	0	
	流量(g/天)	14800	13900	15700	16870	17200	7500
使用条件	最大压力(psig)	400	200	260	260	300	600
	最大工作温度(℃)(℉)	50(120)	50(120)	50(120)	50(120)	50(120)	50(120)
	元体最大压降(MPa)(psig)	0.042(6)	0.042(6)	0.048(7)	0.055(8)	0.048(7)	0.105(15)
	最大游离氯($\times 10^{-6}$)	<2	<5	<1	<0.4	<0.6	<10
	最大 SDI	20	15	10	10	10	50
	最大浊度(NTU)	<10	<6	<3	<2	<3	<20
	进水 pH 范围	2~11	2~11	3~11	4~12	4~11	2~12
	最大流量(m^3/min)	0.52	0.37	0.57	0.61	0.64	0.30

注:非括号内数字为法定单位,括号内的数字为非法定单位。

UEI 固膜在应用时,可将不同型号的膜加以组合,使回收率较高的情况下,出水水质满足要求。图 8-17 所示,为当给水为水质较差和变动较大的地表水时,锅炉给水除盐的举例。

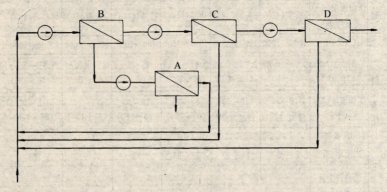

图 8-17　UEI 固膜用于热电厂锅炉给水除盐系统

此系统以 B 型膜为前端处理;以 D 型膜为末端处理。为了减少排水量,提高回收率,不但 C 型膜及 D 型膜组件的浓水都回流,而且在 B 型膜组件的浓水侧,再串联 A 型膜组件,其淡水回流,而浓水排放。这个系统可使排放水和清洗水量总和不超过 15%,也就是回收率可在 85% 以上。

UEI 固膜由于有 α 皮层,不易阻塞与污染,对进水水质要求较宽,其预处理十分简单,除设换热器、加阻垢剂外,只要设一台滤芯过滤器,不再需要其他设备或装置。

UEI 固膜的出水水质良好而稳定,从表 8-11 看出,其出水水质可以"纯水中含量"来表示。其出水水质可以达到中压或次高压锅炉给水的要求,因此,不需要再设精处理。

UEI 固膜的价格昂贵,即使不设精处理而且预处理设备简单,其设备总投资仍高于反渗透工艺系统。

UEI 固膜工艺的费用比反渗透工艺明显低得多这是由于:

1) UEI 固膜的回收率可达 85%。而反渗透装置一般为 75%,若考虑精处理,总回收率也仅为 70% 左右;

2) UEI 固膜为渗透膜,运行压力低,能耗降低;

3）不设精处理和繁杂的预处理,其清洗间隔时间比 RO 长,而且清洗只需用价格便宜的酸碱即可。不仅操作简单、节省人工,而且冲洗用水、药剂等的费用也可以节省。

UEI 固膜比 RO 膜使用的业绩较少,特别是大型装置使用不多。

8.5 保持受热面的外部洁净

8.5.1 加强吹灰

受热面烟气侧积灰或结焦都会增加热阻而影响传热,因此必须及时吹灰,避免外部积灰。积灰部位一般在对流受热面烟气侧。

供热蒸汽锅炉一般不装过热器,用饱和蒸汽吹灰,往往由于汽中带水,水滴会把灰粘在管壁上,越结越厚,并会结成硬层。如果有过热器的蒸汽锅炉必须用过热蒸汽吹灰。用压缩空气吹灰效果较好,但需装一套空气压缩机设备,若它仅用于吹灰,则利用率很低。有吹灰装置的锅炉要及时吹灰。吹灰的顺序必须沿烟气流动的方向,由前向后逐步冲扫。

8.5.2 防止管外结焦并停炉时清焦

管外结焦是指灰熔融再冷却后形成的熔渣,锅炉习惯称为"焦"。熔渣主要出现在炉膛内辐射受热面上,如水冷壁、凝渣管和屏式过热器等。在这些区域内,炉内温度最高,煤中的灰粒大部分处于熔融或软化状态,碰到水冷壁后就被冷却凝固,粘结在受热面的外表面上。结焦不仅影响受热面的换热能力,而且还会带来水冷壁管的热偏差和流量偏差,造成水循环故障而爆管,有时还会引起受热面的高温腐蚀使管壁变薄。

结焦的原因也是多方面的,煤的灰分的熔点过低;炉膛结构不恰当,如炉室容积热强度设计偏高,水冷壁受热面积偏小;运行不当使火焰中心偏移,或火焰中心上移等都是影响结焦的因素。应检查其原因采取不同的方法加以避免。

炉膛内结焦严重时要停炉清焦。清焦是从上往下进行。在炉膛温度降至 70℃时,虽然还不能进入炉膛,就应从炉外打开入孔门、看火孔等用铁棍清焦,待到能进入炉膛后,再进入炉内进一步清焦。清焦要有可靠的安全措施,避免焦块坠落伤人或损害下部水冷壁。

8.5.3 采用化学清灰剂

法国在 20 世纪 30 年代就开始研究和应用化学清灰剂或称烟垢清除剂。20 世纪 60 年代许多国家陆续用此法。我国 20 世纪 80 年代初期开始研制,目前已有至少十几家厂家生产不同牌号的产品,配方各有不同,一般用于固体燃料的锅炉,清灰剂以氧化型为多,成分为碱金属硝酸盐混合一些物质如硫磺、木炭等粉末作为助燃剂或分散剂。而燃油锅炉的清灰剂以还原型为多,主要成分以铵盐为主。它们都是在燃烧时产生碱金属阳离子附着在受热面上,有防止灰垢沉积的作用;它产生熔融的硝酸盐与受热面上的灰垢形成低熔物,使灰垢疏松、变脆易于脱落,并且还有防蚀、催化助燃作用,提高热效率、减少污染。

锅炉受热面积灰分为高温积灰和低温积灰两种形式。高温积灰以硫酸钠为主,主要成分为 SiO_2、钙、镁、铁、钾等硫酸盐和氧化物相互粘接,其挥发物含量只有 10%。硫酸钙为主要胶粘剂,它使积灰密实而坚硬。清灰剂中的氧化物可以与积灰中的硫酸钙发生复合分解反应,使其变成易挥发和易分解的物质,从而使其松动多孔。同时,清灰剂中的氧化物在活性剂的作用下,在高温区瞬间分解而产生微爆,使受热面上的积灰自动脱落。

在燃煤锅炉中,高温腐蚀是由于生成了低熔点的硫酸钠,它附于受热面上与 SO_2 反应生成焦硫酸钠($Na_2S_2O_7$)。焦硫酸钠在 650℃ 左右可与受热面上的氧化铁反应,生成熔点更低,具有强腐蚀性的硫酸铁钠复盐。在燃重油的锅炉中,高温腐蚀则是由于在 600～700℃ 的温度下 V_2O_5 和钒酸钠发生的钒腐蚀。

清灰剂中的碱性物质(如偏硼酸盐等),可与积灰中强酸性的焦硫酸钠(或钾)等物质反应,防止其对金属的腐蚀。这些碱性物质还可以与钒类物质作用,提高含钒化合物的熔点,并改善积灰的物化性质,使其疏松多孔。清灰剂中的白云石粉、SiO_2 等耐高温物质,可以极小的颗粒分散在积灰中,它可吸附具有腐蚀性的酸盐。防腐剂分解而产生的亚硝酸盐和铜、锰盐类可使铁钝化形成钝化膜,它们都是阳极缓蚀剂。

低温积灰主要是硫酸的凝出,挥发分高达 40%～60%,常发生在省煤器和空气预热器的受热面,结渣的酸性很强,pH 值为 2 左右。所以防止积灰和腐蚀可从两方面入手:一是降低烟气露点,避免或减少硫酸或亚硫酸的凝出;二是使生成的硫酸和亚硫酸加以中和。清灰剂中氧化物等碱性物质可以中和酸,使结渣由黏变干,易于裂化脱落。清灰剂分解时产生的二氧化镁和氧化锌可以在低温受热面上结成一层薄膜,它与烟气中 SO_2 起中和作用,使烟气中 SO_2 含量下降,露点也随之降低。

清灰剂中的助燃剂进入炉膛后,一方面促使清灰剂的主体组分瞬时分解;一方面作为氧的载体提供氧,其中碱金属盐、α-氧化铁、氧化锰等还可以在燃烧时捕捉原子氧或对燃烧起催化作用。

锅炉中积灰的热阻比水垢的热阻大,有的资料提出水垢的热阻是钢铁热阻的 25 倍,而烟垢热阻为水垢热阻的 20 倍。采用清灰剂后,使受热面外部保持净洁,改善传热条件,不仅提高了锅炉热效率,还可减少烟气中二氧化硫及二氧化氮的排放量,杜绝爆管事故的发生。

使用清灰剂节能效果不一,有的可节约 3%～8%,有的可节能 5.5%～16.5%。有的单位[实例58],使用清灰剂不仅有节能的效果,而且还可以减少烟气中的二氧化硫及二氧化氮的生成,表 8-12 所示为上海市环保局环境监测中心为该锅炉房测试的数据:

清灰剂对环境污染的改善　　　　　　　表 8-12

烟气中的污染物		二氧化硫(mg/m^3)	二氧化氮(mg/m^3)
未使用清灰剂的烟气		584	150.6
使用清灰剂后一小时	3 号炉	409	98
	4 号炉	501.3	112.9
	5 号炉	461	40.4

8.5.4　使用远红外节能剂

远红外节能剂又称为发射远红外线用釉。它是以耐酸固体材料为基本原料，与一种液体原料按 1∶1 配比制成，刷涂时先将受热面表面的浮灰及烟垢清除，然后在受热面上刷涂，涂层厚度为 $0.1\sim0.2\text{mm}$。按其说明书提出：节能剂的 pH 值为 $11\sim12$；热辐射性能 $\varepsilon(\lambda=2.5\sim20\mu m)>85\%$；$\varepsilon(\lambda=5.7\sim20\mu m)>90\%$；在蒸汽机车上使用可使水垢结生速度下降 26%，烟垢结生厚度减薄 50.8%，节煤率 4%～5%。

主要参考文献

1. 水利电力学院电厂化学教研室编．热力发电厂水处理（修订本）上册．水利电力出版社，1984
2. 解鲁生．锅炉水处理原理与实践．中国建筑工业出版社，1997
3. 郑明、解鲁生．工业锅炉应用电渗析技术一些问题的研究．西安冶金建筑学院科研报告，1986
4. 冯逸仙、杨世纯．反渗透水处理工程．中国电力出版社，2000
5. 徐平．反渗透、钠滤膜及其在水处理中的应用．分离膜技术应用论文集，1998
6. Wayne Bates，徐平，张峰．地表水反渗析系统设计．分离膜技术应用论文集，1998
7. 孟广桢．反渗透净水技术在热电厂中的应用．科技日报，1997.11.4
8. 美国海德能公司 ESPA 1 系列超低压反渗析膜元件技术说明书
9. UEI GROUP INTERNATIONAL，LLC－Technology and Management，2002
10. 高金华等．NY－06 高效锅炉清灰剂的研制及效果分析．山东能源，1995 第一期

第九章 加强运行管理及余热回收

9.1 控制排烟热损失及烟气余热回收

9.1.1 优化 α 值及排烟温度控制排烟热损失

q_2 的值取决于烟气体积及排烟温度,排烟处 α 值越小,烟气温度越低则 q_2 越小。但 α 值大小与燃烧有关,不同燃烧方式及不同燃料,其最佳 α 值也不相同。也就是说过剩空气系数 α 有个优化问题,若要降低 α 值以降低排烟热损失 q_2,则必须采取措施改进燃烧。例如链条炉采用分层燃烧技术后,由于送风均匀,在降低 α 值的情况下,不完全燃烧热损失反而也降低。

排烟温度的高低,主要取决于锅炉的传热情况。传热效果越好,排烟温度越低,q_2 值也越小。但是排烟温度过低易使尾部受热面产生外部腐蚀。因此,排烟温度也有个优化问题。

锅炉运行时要掌握其最佳 α 值(或烟气含氧量)的最佳范围和排烟温度的最佳范围,保持在最佳值的范围内运行。

9.1.2 加装热管换热器回收烟气余热

锅炉排烟温度过高时,可加装省煤器或空气预热器等尾部受热面回收余热。为了提高尾部受热面的传热效率,有的单位采用热管换热器作为尾部受热面,取得了良好的效果。例如某锅炉房[实例59]在其 2 号炉(3.65t/h 外燃回火管锅炉)上加装热管空气预热器,用于排烟温度为 166℃,排烟量 5000Nm³/h 的场合,回收热量 7 万 kcal/h,折算标煤的煤汽比由原来的 7.85t 汽/t 标煤,升高至 8.3t 汽/t 标煤,提高 5.73%,标煤节煤率为 6.22%。

又如某公司[实例60]的 7 MW 热水锅炉上加装热管省煤器

后,经热工测试,热管省煤器出力为 0.29 MW,提高了锅炉出力 4.4%,排烟温度降低了 30℃。

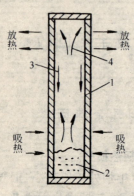

图 9-1 重力式热管
1—外壳;2—工作液;
3—凝结液;4—蒸汽

热管是 1964 年美国洛斯——阿拉莫斯科学实验室首先命名的换热元件。20 世纪 60 年代在宇宙航行中,在军事行业、电子行业得到了应用,到 70 年代热管技术的应用更加广泛,70 年代中期迅速地进入到节能技术领域。我国在 80 年代初开始用于作为锅炉的尾部受热面。锅炉上使用的为重力式热管,其简单的结构如图 9-1 所示。它是由抽真空的封闭金属外壳 1 和工作液 2 组成。这种热管垂直放置,其下部放在烟气中吸热,形成加热段。工作液在加热段中蒸发变为蒸汽,蒸汽上升到上部。上部置于需加热的空气或水中,蒸汽在上部由于空气或水的吸热而冷却凝结成液体。凝结液体由重力沿热管内壁流下,然后下部的工作液又受热变为蒸汽上升,至上部放热又凝结成液体下流,这样周而复始地靠潜热传送热量。

锅炉上采用热管换热器有以下三方面的优点:

(1) 传热性能好

单个热管元件与一般多管换热器的单根管子,在管外条件相同时,它们的传热系数是相差不大的。但换热器是多管的,流体都是处于多路并联流动。一般换热器常会出现并联的每根管子流量不均匀,从而使换热器总体的传热系数下降。而热管换热器不存在流量不均匀的问题,故总体的传热系数要高 10%~15%。

由于是靠潜热传送热量,故其传送的热量大,可在较小的温差下传送较多的热量。以 $\phi 12.9 \times 300$ 的铜棒和 $\phi 12.7 \times 300$ 铜制热管作对比试验,铜棒在 100℃温差下可传送 30W 热量,而铜制热管只需在 10℃温差下就能传送相同的热量。

由于热管内处在相变过程,而且工作液的纯度高,因此,热管的温度基本是恒温的。

(2) 构造简单,设置方便。

热管换热器是由热管元件组成的,元件的数目可多可少;元件在换热器中是排列布置的。因此,在布置上很灵活,也适合于在管外加肋片以加大换热面。热管元件都是密封的,在冷热流体之间不存在相互泄漏问题。元件排列简单,流动阻力较小。

(3) 安全可靠,维护工作量很少。

热管元件内部的工作压力一般均在低压状态,而且热管直径小,内部装的工作液也很少,因此,热管基本不存在由于压力而发生爆炸的能力,不存在对设备和人身安全的潜在危险,而热管的管壁也不需要很厚。热管的固定部位在中间,在高温下工作时没有热膨胀问题。热管壁具有恒温性,在低温下一般不会发生硫化物腐蚀。热管换热器用于锅炉上,除了要及时吹灰外,维护工作量很少。

锅炉上采用热管时,应注意以下各方面的问题:

(1) 工作液和外壳材料的选取

根据需要选择热管的工作液。工作液种类非常多,其工作温度范围从 $-263 \sim 1800°C$。但每一种工作液,其工作温度范围很窄,表 9-1 中仅列举了几种工作液的工作温度范围。

几种工作液的工作温度范围　　　　表 9-1

工 作 液	工作温度范围(℃)	工 作 液	工作温度范围(℃)
氨	$-60 \sim 100$	庚 烷	$0 \sim 150$
氟利昂—11	$-60 \sim 120$	水	$30 \sim 200$
甲 醇	$10 \sim 130$	PP9	$0 \sim 225$
PP2	$10 \sim 160$		

外壳也可由多种金属材料如铜、铝、碳钢、不锈钢等制成。选择外壳材料时,必须注意外表材料与工作液的相容性。所谓相容性就是避免可能存在着化学反应的任何组合,这些反应常会导致

产生不凝结气体。例如:锅炉上用的热管常用水——铜的组合,但黄铜热管被排除,因为它所含的成分 Sn 易被工作液溶解。水——不锈钢热管内,发现气体的产生很重要,认为是由于覆盖在钢表面的钝化的氧化层被破坏。气体聚集在凝结端或管壁有沉积物都会影响换热。甲醇热管用铜或不锈钢为壳体均可工作,但应注意金属的纯净。

(2) 热管元件制造、加工要严格。

要严格防止热管焊缝有微孔漏气,制成后必须经高灵敏度的氦质谱仪检漏确认合格。否则不能保证热管抽真空注液后能长期维持正常工作。若有空气进入,热管的性能就恶化。

热管壳体内部是否清洁对其工作性能关系很大。常用丙酮等除去油脂,酸洗清除氧化物,酸洗后壳体内部用干净的水长时间冲洗,直至呈绝对中性为止。为了避免壳体内部污染,热管焊接宜在真空或惰性气体保护下进行。

抽真空及注入工作液的工艺也要严格,注入的工作液必须纯净。

(3) 运行中要求工作尽量稳定,并定时吹灰。

工作液的工作温度范围较窄,这就要求热管工作时要稳定,温度超出工作温度范围过多,就可能发生由毛细管作用回复到蒸发区的液体不能满足蒸发所需的液体量而干涸,发生剧烈的温升,直到热管被烧坏。

由于热管内部容积小,又是密闭容器,其管内的压力由加热段和冷却段的热量关系所决定。当加热段供热条件优于冷却段散热条件时,会发生冷却不足,使热管内部压力升高而发生破裂。

热管元件表面积灰,也会影响换热效率,要定时吹灰,对元件本身的腐蚀也应注意。

热管元件的直径小,由于毛细管压力的限制也不能做得很长,因此,每个元件的传热量较小。所以热管换热器多用于容量较小的锅炉。锅炉容量太大,管数很多,会给布置带来一定的困难。

9.2 减少散热损失及余热回收

9.2.1 加强炉墙保温,减少散热损失

正常情况下设备管道保温后应达到以下要求:当环境温度不高于27℃时,设备和保温结构外表面温度不应超过50℃。环境温度高于27℃时,保温结构外表面温度比环境温度不应高过25℃。按此规定,锅炉的散热损失 q_5 值很小,一般不再考虑采用降低 q_5 的措施。但有的锅炉,例如3.4节中列举的锅炉房[实例21],其DZL 29-1.25/120/60-AⅡ热水锅炉,测其侧墙(看火门附近)外表面温度达120℃;两侧对流管束底部外墙外表面温度达160℃。类似这种情况就应加强炉墙保温,减少 q_5 损失。

散热损失多为锅炉设计存在的问题,选材不当或保温层厚度不够,有些金属表面应保温未保温等;也可能是提供的保温材料质量不佳,由于施工引起的情况很少,因此,发现这种情况需与锅炉制造厂家联系解决。

9.2.2 q_6 热损失热量的回收

q_6 热损失包括灰渣物理热损失(q_6^{hz})和其他热损失,而其他热损失中最常见的是冷却热损失,例如链条炉后拱的支持吊拱的梁,有时做成中空的,通过水冷却,冷却后的热水排掉。对于层燃炉或沸腾炉,q_6^{hz} 损失较大应予以考虑;对于固态排渣的煤粉炉,下落灰渣较少,一般可不予考虑;对于液态排渣炉,灰渣温度很高则必须考虑。

总的来说,q_6 所占比例很小,一般难以降低,故不考虑减少的措施,而多从这些热量的回收着手,例如,将冷却水的出水接入锅炉水循环系统或热力系统。

9.2.3 排污余热利用

为了保持锅水标准及排除锅内沉淀物,锅炉必须排污。排污量过少,达不到锅水标准;排污量过多,造成大量的热损失而不经济。控制排污量的蒸汽锅炉水质指标中,主要是锅水的碱度和溶

解固形物。锅水的碱度可以很快的测得,但锅水溶解固形物很难迅速测得,因此一般都以测定锅水的氯根来代替,而将锅水溶解固形物的标准转化为锅水氯根的标准。锅炉房水源水质不同,锅水氯根的标准也不相同。低压锅炉房水质标准中无法规定锅炉氯根的标准,因而正确的规定锅炉房自己的锅水氯根标准对节能或安全运行有很重要的意义。

按照锅水氯根和溶解固形物的浓缩倍数相等的概念,可测得生水的氯根和溶解固形物,按下式计算锅水氯根标准:

$$\frac{水质标准中溶解固形物的规定(mg/L)}{生水的溶解固形物(mg/L)} = \frac{锅水氯根标准(mg/L)}{生水的溶解固形物(mg/L)} \times 生水氯根(mg/L) \quad (9\text{-}1)$$

定期排污的间隔时间长,常常每班排一次,但整个运行过程

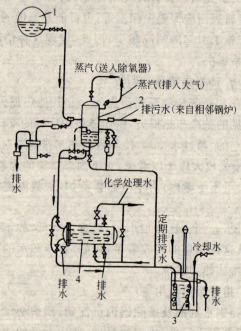

图 9-2 连续排污水利用系统

1—上炉筒;2—排污扩容器;3—冷却器;4—表面式换热器

中,锅水的碱度及氯根的浓度都不得超过水质标准规定的浓度,因此刚排污后的锅水浓度必须比水质标准规定的浓度低很多,而造成排污量很大而费能。所以,锅炉常设连续排污,使锅水浓度始终略小或接近水质标准而节能。

定期排污间隔长,排污时间短而排污量大,虽然其排污的余热在技术上可以回收利用,但不一定经济。而连续排污的热量易加以回收利用。图 9-2 所示为常见连续排污水的利用系统。连续排水由上炉筒 1 排至排污扩容器 2,压力降低,排污水产生二次蒸汽送入除氧器。排污扩容器的排水再经过表面式换热器 4,将其余热加热化学处理水加以利用,然后定期排污水可经冷却器 3,将排污水冷却降低温度后排至下水道,冷却降温的目的,是防止温度过高而破坏下水沟道的敷层。

9.3 提高锅炉净效率

9.3.1 锅炉的毛效率和净效率

通常说锅炉效率,都是指锅炉的热效率,又称锅炉的毛效率。它是仅从锅炉有效利用的热量占锅炉加入燃料所送入热量的百分数来表示。锅炉运行时锅炉房本身生产要消耗一些蒸汽,称为"自用汽"。如热力除氧、汽泵、蒸汽吹灰、蒸汽二次风、蒸汽预热给水等都要消耗蒸汽。此外,锅炉房还有电能消耗,如引送风机、水泵、带动炉排运动的电机、制粉、输煤系统等都要用电。

扣除自用汽和电能消耗,而计算的锅炉效率称为锅炉净效率(η_j)。

自用汽及电能消耗都折算成热量,这些热量相当于燃料加入热量的百分数,若为 $\Delta\eta$,则:

$$\eta_j = \eta - \Delta\eta \tag{9-2}$$

因此除了降低 q_2、q_3、q_4、q_5、q_6 以提高锅炉热效率外,锅炉房节能还存在节能自用汽及节约电能的问题。

9.3.2 风机、水泵采用变频调速

锅炉的风机和水泵的选型都是以额定负荷为依据;计算流量和扬程时还要加一个富裕量;所选设备的流量和扬程不会与计算值恰好都吻合,而都略高于计算值。供热锅炉负荷变动很大,一般多在额定负荷以下运行。因此,锅炉运行时风机和水泵的实际流量都小于设备的额定流量,必须进行调节。

过去调节的方法,都是改变其进、出口节流阀或挡板的开度,电机的输出功率一部分用来克服节流的阻力而损失。变频调速是频率改变而使电机转速改变,流量得以调节,而电机输出功率随转速大小而改变,达到节能的效果。以下将某锅炉房[实例43]锅炉引风机采用变频调速后的实例数据示于图9-3及图9-4。

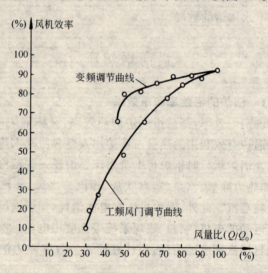

图 9-3　变频调速与风门调节的风机效率

图 9-3 为引风机在不同风量比 Q/Q_0(Q 为实际流量,Q_0 为额定流量)下风机效率的实例曲线。随着 Q/Q_0 的减小,变频调速的效率增大,当 $Q/Q_0 = 100\%$ 时,变频调速的效率为零。图 9-4 为这台风机用变频调速和工频风门调节节电率的比较曲线。

采用变频调速的节电量与负荷率有关,用于风机和水泵普遍

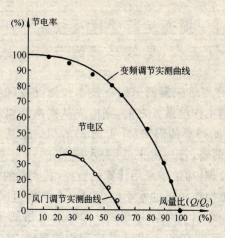

图 9-4 变频调速的节电率

可节电 30%～40%,其投资两个采暖季可以回收。变频调速在锅炉房不仅用于风机和水泵,例如上述锅炉房[实例 21]还用于出渣平皮带和斜皮带的电机,其负荷率很低,因而节电率很高,分别为86.4%及 85.5%。锅炉给水泵及循环水泵采用变频调速节能的原理与风机相同,不再重复。

9.3.3 热网设备设置及运行对锅炉房节能的关系

循环水泵和补给水装置一般都设置在锅炉房,其用电和用水与锅炉房设备很难完全分开计量,而计入锅炉房的总消耗量内。因此,热网设备的设置及运行情况与锅炉房用能及节能直接有关。

例如,8.2.1 节列举的[实例 56]热网失水率过大,补给水的消耗量增加,也增加了水处理设备的负担,能量消耗必定增加。循环水泵是热水供热系统中单机电功率最大的用电设备,选型是否合理直接影响锅炉房用电量及实际运行效果。而循环水泵选择偏大,或台数与容量不匹配,长时间处在非最佳情况下运行,是比较普遍的现象。有些系统采用低温差、大流量等不合理的运行方式,都会严重浪费电能,等等。

9.4 提高运行管理及技术水平是投资少、见效显著的节能措施

节能工作当然应提倡采用新技术和新设备,但是,如果在运行管理的基础工作没做好之前,则应先从提高管理及运行水平入手,如 3.4 节所列举的锅炉房[实例 21],司炉工基本上都是临时工,技术力量薄弱,管理水平低,失水率大于 5%。像这样的锅炉房不抓运行管理,却忙于采用计算机监控,其收到的效果只达到同类锅炉房人工操作相近的水平。而另一个寒冷地区,偏僻小县城的锅炉房[实例 61],加强了管理,其失水率却低于 1%,每 0.7 MW 的热源,可供 8000m^2 以上住宅面积的采暖,这在寒冷地区建筑围护结构不太好的情况下,还是效果较好的。

管理不善和工人及管理人员素质不高的例子还有很多。如某物业公司的锅炉房[实例 62],装有自动控制的钠离子交换器,运行不良、用盐量太少,出水始终达不到水质标准的要求。这个物业公司的另一个小区锅炉房[实例 63],管理人员不论供水温度高低,给司炉规定了一个按时烧炉、按时停烧的运行时间表,间隔供热。烧炉时用户换热器烫手,停烧后供水温度降至 40 ℃左右,用户普遍感到室内温度过低而投诉。经建议改为按供水温度来确定烧炉间隔时间后,问题就完全解决。这台热水锅炉除必需的安全仪表附件外,仅装了一块供水温度表。

即使大城市规模较大,技术力量较强的锅炉房,也不可忽视先抓管理的途径。例如,在 2.3.3 节中列举的锅炉房[实例 2],由于管理不善,漏风严重而影响出力不足,就应从堵漏风入手,可以做到花钱少、成效显著。但是此锅炉房先采用复合燃烧技术,然后才堵漏风,堵漏风后不必启动风扇磨出力就可达到额定出力。

通过运行管理节能涉及的方面很广,不仅是杜绝"跑、冒、滴、漏"。如以上所述的加强排污、加强吹灰、防止结焦、保持水循环良好、保证水质、锅炉的清洗保养等都是运行管理的范畴。

9.5 节能的基础工作

9.5.1 安装齐全所需的监测仪表

有些供热锅炉仪表很不齐全,有的锅炉房仅锅炉上装有安全阀、压力表及蒸汽锅炉房的水位表而外,基本上没装其他仪表,甚至连《蒸汽锅炉安全技术监察规程》和《热水锅炉安全技术监察规程》规定的仪表都装备不全,如热水锅炉只装出水温度表,没有排烟温度表等。

按照《锅炉房设计规范》(GB 50041—92)的规定,除了安全仪表,还应安装指示运行情况的仪表,如炉膛压力表、排烟温度表、各受热面进出口温度表及风压表等,有条件时装设检测排烟含氧量表,还要装经济核算仪表。至少应装排烟温度表、炉膛负压表、蒸汽(或热水)流量计或热量计、压力表及进、出水温度表、燃料计量表等。

仪表是安全经济运行的"眼睛",只有将仪表装备齐全,对能源利用情况能定量的了解,做到心中有数,才能知道节能的潜力和方向,才有条件开展班组节能评比。

某热力公司[实例65]提出以下经验:"采用节流较少或无节流损失的流量计装置:过去经常采用孔板、涡轮、各种叶轮方式的流量计装置均形成一定流动阻力,常年运行耗能很高,目前一些弯管、超声波、电磁等流量计量设备基本无运行阻力,应在满足使用条件下优先选择"。

9.5.2 完善规程制度,进行技术考核及培训

必须有正确、完善的操作规程,并严格执行,才能达到高效率、低能耗运行。严格执行定期维修制度、停炉保养制度,保证设备完好,杜绝"跑、冒、滴、漏"。加强计量管理,开展班组节能评比和奖励制度等,都是节能先要做好的基础工作。

除了操作规程、维修制度等制度而外,量化考核、能源管理及纪录、报表等制度也应健全,并对记录、报表进行分析,发现

问题。

司炉人员、给水处理工作人员，必须由经国家劳动部门或技术监督部门考核合格并领到上岗证的人员担任。"正式司炉工不司炉，临时工烧锅炉"的现象要制止，并且要对操作工人、技术人员和管理人员进行培训，不断提高其业务能力。把培训、学习与岗位工作及技术考核三者密切结合。人员素质是做好节能工作的最主要的因素。

9.5.3 进行热平衡试验，摸清锅炉能源利用情况

在 1.3.2 节中已阐述，进行热平衡试验，才能摸清锅炉热能源利用的水平，找到节能潜力，提出节能措施与规划。如果采用节能措施前、后都进行热平衡测试，就可以判定节能的效果。因此，热平衡试验也是节能的基础工作之一。

锅炉热平衡的测试应遵照《工业锅炉热工试验规范》（GB 10180—88）进行。此规范规定测定锅炉效率应同时采用正平衡法和反平衡法测定。锅炉效率以正平衡法测定值为准。当锅炉出力≥14MW（或 20t/h），用正平衡测定有困难时，才允许仅用反平衡法测定；仅手烧炉才允许只用正平衡法测定。还规定测试应至少进行两次：正、反平衡法测得效率的差不得大于 5%；两次正平衡效率之差不得大于 4%；两次反平衡效率之差不得大于 6%，否则要重新测定。

此规范对试验要求、测定时参数允许波动范围、测试项目及方法等都做了详细规定，必须严格遵守。特别是规定所使用仪表及有关设备，在实验前都应经过校验和标定；实验前要进行一定时间的热工况稳定，和正式试验应在调整到试验工况稳定一小时后方可进行。

根据各地测试的经验，热效率测试常易出现下列问题，应加以注意：

（1）测点布置不符合要求，如蒸汽孔板安装管段的前、后直管段长度不够；蒸汽取样头不按规定制造和安装；锅水取样点不能代表锅水浓度；排烟温度和烟气成分测点距离过远等。也有施工上

的问题,如测点伸入烟道的深度不够或角度不对。有些测点装置时必须停炉,有的单位由于无法停炉,放弃一些测点的要求,而利用原有的不合理测点。

(2) 不遵守规定的稳定工况时间。热工况稳定需时很长,特别是重型炉墙常需稳定 24h,有时遇到这样的情况:炉子尚未达到热工况稳定就进行测试,由于炉墙不断吸热升温,而使测得的热效率很低。

(3) 仪表不校验和标定,不进行预备性试验。常因仪表不准确而未校验、标定,使正、反平衡效率差值超过规定而必须重做。不做预备性试验,对仪表不熟悉,相互配合不协调,易于出现测定的数据不真实或漏记数据。

(4) 设备不够完善。一是锅炉设备不完善,如排污阀关闭不严有水泄漏;锅炉不严密有水汽泄漏;水位表滴水或冒汽等。二是测量设备不完善,特别是采用煤斗体积法计量用煤量和用水箱测给水量时更应注意。例如用水箱法测定给水量时,水箱不规整或无水位计。

(5) 测试人员不熟悉或失职。测试时参加的人员必须坚守岗位,认真负责。有的人员工作马虎,如不按规定取煤样或灰渣样,随便抓一把。或在试验时谈笑聊天而漏记数据。试验时若仪表读数发生显著变化,测试人员应先向指挥人员报告,本人仍坚守岗位,不漏记应记录的数据,不要忙于分析原因而漏记数据。有时仪表指示突变是正常的,例如,司炉因运行操作必须打开炉门,在此期间大量冷风侵入,烟气分析数值必然突变,烟气中含氧量急剧上升。

9.6 负荷的合理调度

9.6.1 负荷的经济调度

随着室外温度的变化,供热锅炉的热负荷是变化的。正如图 1-1 所示,锅炉在不同负荷下其热效率是不相同的,尽量使锅炉在高效率的范围内运行,是锅炉负荷调度的原则。根据负荷调整锅炉运行台数,即在采暖期的初期及末期减少锅炉运行台数,室外温度低的时期,增多锅炉运行台数,以提高锅炉运行效率,尽量避免锅炉低负荷运行。或在采暖期的初期及末期运行容量小的锅炉,室外温度低的时期运行容量大的锅炉都可以取得节能的效果。

两台锅炉并炉供热时,理论上说应按"相对最小增加煤耗"的原则来分配热负荷。"增加煤耗"(Δb)是指负荷增加一吨蒸汽所增加的耗煤量,负荷增加时应将负荷加在 Δb 相对最小的锅炉上。这种负荷分配的方法计算很复杂,实际应用比较难以掌握,实用价值不大。

另外两种负荷分配办法:(1)按锅炉蒸发量比例分配,即按锅炉铭牌蒸发量的比例来分配负荷。这种分配办法最简单易行,但未考虑经济调度问题。(2)按锅炉热效率的高低来分配,即先使热效率高的锅炉承担热负荷,必要时再分配给热效率低的锅炉,使热效率高的锅炉等于或接近他的经济负荷,热效率低的锅炉承担波动的负荷,实践证实这种分配办法的节能效果一般优于按蒸发量比例分配。

国外的热源厂,常有多种不同的热源供热,可以取得较好的节能效果。例如,瑞典斯德哥尔摩的瓦坦电厂,有热电机组常年承担基础热负荷,始终在高效率下运行;其他热负荷由海水热泵来承担;边角的热负荷由开、停较迅速的燃油锅炉来承担。

9.6.2 对不同性质建筑采用分时供暖

对住宅和办公室、教学楼等公共建筑采用分时供暖,夜间公共建筑无人工作或活动可降低供热参数,使室温降至"值班温度"(保护设备不冻),如保持 5～7℃左右,可大大节能。有的热力公司采用改变一次网的供水温度,对全部用户实施分时供暖;有的热力公司在热力站中,通过控制加热器的二次网的出水温度对部分用户实施分时供暖。某单位的经验[实例66],当住宅与公共建筑面积各占50%时,一般可节煤37%,节电27%。

9.6.3 采用蓄热器

蓄热器是供热系统的一种有效的节能装置,它是热能的贮存装置。由于室外温度的变化,供热的热负荷是波动的。工业用汽或用热,随着生产过程的需要,热负荷也是波动的。当负荷变化剧烈时,尖峰负荷和最低负荷反复出现时,锅炉要频繁调整燃烧,使锅炉热效率降低。采用蓄热器后,使锅炉稳定在最高效率范围内运行,低负荷时将多余的热量贮存在蓄热器内,尖峰负荷时由蓄能器释放出热量或蒸汽予以补足。这不仅提高锅炉运行效率而节能,并且还可以降低锅炉设备的总容量。

蓄热器有变压式和定压式两种。变压式蓄热器又称为蒸汽蓄热器,贮存的能量以蒸汽供应生产或供热;定压式又称为给水蓄热器,贮存的能量由给水携带进入锅炉。现在的锅炉,由于采用疏水回收和给水预热等措施,给水温度一般都很高,采用定压式蓄热器就没有很大的优越性,而一般都是采用变压式,也就是蒸汽蓄热器。无论哪种蓄热器储存的介质都是水,蒸汽蓄热器也是把蒸汽变成高压高温的水而储存起来的。这是由于:虽然在某一压力下 1kg 饱和蒸汽拥有的热量比相同压力下水拥有的热量大,但是水的密度比蒸汽大得多,所以每单位容积的水所拥有的热量比蒸汽大得多。例如工作压力为 10×10^5 Pa 时,水的蓄热量为相同容积蒸汽蓄热量的 80 倍。

蒸汽蓄热器的主体,是积蓄饱和水的压力容器——钢制的圆筒,筒体内 90% 的容积是热水,水面以上为蒸汽空间。当用汽设备负荷小于锅炉产汽量时,蒸汽通过蓄热器内部的充热装置喷入热水中,使水温提高,蒸汽空间的饱和蒸汽压力升高。充热过程是饱和水温和饱和汽压升高的过程。当用汽设备负荷高于锅炉供汽量时,供汽管中压力将会降低,降低到低于蓄热器中蒸汽空间蒸汽饱和压力时,蓄热器中的饱和水成为过热水,而进行沸腾放热,产生蒸汽来补给设备用汽,这是蓄热器的放热过程。放热过程是饱和水温和饱和汽压的降低过程。蒸汽蓄热器工作时,内部压力是在变化的,故称为变压式蓄热器。

蓄热器的筒体外表面要有良好的保温设施；蒸汽流入管和蒸汽流出管按蓄热器连接方式的不同,有单独设置的,也有将流入、流出管连接成环形使用一根共同管的。并装有压力表、温度计、水位计和支座。图 9-5 为蓄热器内部装有蒸汽分配管、喷嘴和循环筒。蓄热器的典型连接系统,其中 V_1 阀组是保证锅炉出口汽压恒定,实现锅炉负荷稳定而设置的自动控制装置；V_2 阀组是保证蓄热器出口压力恒定,满足用户压力要求而设置的自动控制装置。

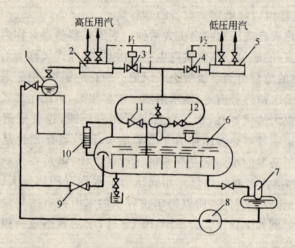

图 9-5　蓄热器示意图

1—锅炉；2—高压分汽缸；3—V_1 自动调节阀组；
4—V_2 自动调节阀组；5—低压分汽缸；6—蒸汽蓄热器；
7—除氧水箱或锅炉给水箱；8—锅炉给水泵；9—给水管止回阀；
10—水位计；11—进汽管止回阀；12—放汽管止回阀

蓄热器与锅炉的连接方式分为并联和串联两种。图 9-6 所示为并联系统,蓄热器进汽管与放汽管相连通,高压蒸汽可直接通过自动调节阀组流入低压供汽系统。图 9-7 所示为串联系统,高压蒸汽必须经过蓄热器再流入低压供汽系统。并联系统是最常用的方式,而串联系统适用于脉冲式间断用汽的供热系统或者蓄热器兼作减温器使用的场合。

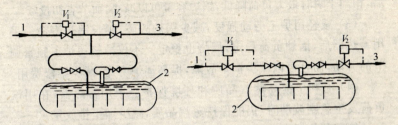

图 9-6 蒸汽蓄热器并联系统
1—接自锅炉供汽；
2—蒸汽蓄热器；3—送往低压汽用户

图 9-7 蒸汽蓄热器串联系统
1—接自锅炉供汽；
2—蒸汽蓄热器；3—送往低压汽用户

蓄热器选用时必须根据负荷的具体变化曲线和数据进行计算。计算最主要的内容是蓄热量：单位容积蓄热量计算和蓄热器容积计算。蓄热器平衡峰谷负荷必需的蓄热量 G(kg,蒸汽)，是根据用户的综合蒸汽负荷曲线及锅炉房实际生产能力进行分析对比计算。由于蓄热器使用的场合不同，或供汽系统负荷变化的性质不同，蓄热量的计算可采用积分曲线法；分段积分曲线法；高峰负荷计算法；充热时间计算法等不同方法进行。

根据充热压力（锅炉工作压力－锅炉至蓄热器喷嘴出口的管系阻力）和防热压力（用户最低要求压力＋蓄热器至用户的管系阻力），由表或曲线查出单位容积蓄热量 g[kg,蒸汽/m^3]；若 η 为蓄热器效率（一般取 0.99）；φ 为蓄热器充热系数，一般为 0.6～0.9。则蓄热器的容积 V 可按下式计算：

$$V = \frac{G}{g \cdot \eta \cdot \varphi} \quad (m^3) \tag{9-3}$$

合理地应用蓄能器，能取得明显的效益，主要是：

(1) 节能。采用蓄热器后以谷补峰，避免了由于用汽负荷波动，而使锅炉频繁调节，不能稳定在经济工况下运行，因而可以节能。热电厂采用蓄能器，同样可使汽轮机抽汽或排汽量稳定，提高热电联产的效果。

(2) 可降低锅炉容量。一般锅炉容量应能满足最大瞬时热负荷的要求，这个最大负荷常为短时间的尖峰负荷。采用蓄热器削峰后,相当于瞬时最大负荷降低,锅炉容量可以减小,而节省初投资。

(3) 减轻司炉工劳动强度,减少锅炉故障,延长锅炉寿命。采用蓄热器后,锅炉负荷稳定,燃烧也稳定。不仅减轻司炉工频繁调节的劳动,而且可以减少锅炉故障,提高锅炉寿命,减少维修费用。

(4) 有利于提高蒸汽品质和环境保护。采用蓄热器,在用汽负荷发生急剧波动时,仍能保持蒸汽品质,减少烟尘排放量。

使用蓄热器也必须具备一定的条件:

(1) 用汽负荷是波动的,日负荷曲线变化频繁和剧烈,并有一定的周期性;

(2) 部分用户的用汽压力小于汽源(锅炉或汽轮机抽汽)的工作压力,并低压蒸汽消耗量必须大于或等于最大用汽负荷与锅炉房额定蒸发量之差;

(3) 锅炉额定压力与用汽压力之间的压差很大,使用蓄热器的经济价值就高。压差过小,蓄热器过于庞大,经济效益就差。

蓄热器一般解决周期性蒸汽日负荷的调峰,工业用汽效益显著,最为合适。采暖由于季节性变化或热水负荷不宜采用。此外,尚需注意的是蓄热器本体的罐筒属于压力容器,其设计、制造、安装、使用和管理,都必须严格执行国家颁发的《压力容器安全监察规程》和《钢制压力容器》(GB 150—1998)国家标准。

9.7 锅炉运行的自动控制

9.7.1 供热锅炉自动控制内容及对象

锅炉自动化控制包括检测显示、自动调节、操作控制、信号保护等设备组成的一套完整的系统。为确保锅炉的安全性;节能和提高经济性;改善劳动条件和提高劳动生产率创造必要条件。它的具体内容为:

(1) 热工检测:用检测元件和显示仪表或其他自动化设备,对系统或设备的热工参量,包括物理量等,进行连续测量和显示,以监视生产情况,或为企业经济核算提供数据,为自动控制和保护提供检测信号。

（2）自动调节：当对象工况改变时通过自动调节设备，使某些被调节的量自动地保持在所要求的范围内，保证工艺过程的稳定。

（3）操作控制：对某一设备进行单个操作，或对多台设备按一定规律进行分组操作或程序控制。

（4）热工信号、保护及联锁：当参数超过规定值时，发出声光信号，提醒值班人员注意，采取有效措施，以保证正常生产，或自动地按一定顺序操作某些设备或紧急停止锅炉运行。

锅炉自动控制的对象主要是：

（1）蒸汽锅炉炉筒水位自动调节：常用的有位式调节和连续调节两种方式。

位式调节是按高、低两个位置进行控制的，直接用位式调节仪表的接点控制给水泵的启停。它仅适用于蒸发量$\leqslant 4t/h$的蒸汽锅炉。

连续调节根据锅炉容量、负荷变化速度及调节精度的要求分为三种类型：1）以锅筒水位信号为惟一调节信号的单冲量水位自动调节；2）以锅筒水位为主调节信号，蒸汽流量为补充信号的双冲量水位自动调节；3）以锅筒水位为主调节信号，蒸汽流量和给水流量信号为补充信号的三冲量水位自动调节。

蒸汽锅炉锅筒水位自动控制比较成熟。

（2）锅炉燃烧自动调节：其任务是使燃烧产生的热量，适应蒸汽或热水负荷的需要，而且要保证锅炉燃烧经济和运行安全。它要求锅筒出口的蒸汽压力或热水锅炉的出口水温保持在需要的范围内；炉膛负压维持在一定范围内；和合理的风煤比。

锅炉燃烧自动调节是最为复杂的，对燃油、燃气锅炉最为成熟，对煤粉炉也比较成熟，但对层燃炉难度较大，将于9.7.3及9.7.4节中简述。

（3）过热蒸汽温度自动调节：其任务是维持过热器出口蒸汽温度在允许范围内，并保护过热器使其管壁温度不超过允许工作温度。

自动调节对具有喷水式减温器的过热器而言,通过出口蒸汽温度和减温器出水温度两个信号,来调节减温水量。表面式减温器传热迟延很大,需采用更为复杂的调节系统。例如再引入减温水流量信号作为前馈信号,构成三回路调节系统。

(4) 热力除氧器蒸汽压力、水温及水箱水位自动调节:其任务是使除氧水的温度达到规定的范围,以保证除氧效果。并保持除氧水箱中的水位在一定范围内,避免锅炉给水贮量不足和溢水。

除氧器蒸汽压力与水温密切相关,压力太低,相应的水温达不到除氧的要求;压力过高会导致水封跑水。

(5) 电气联锁和自动保护:

为了保证锅炉房安全生产和防止误操作,对锅炉房的一些重要的工艺设备设有电气联锁装置。例如,锅炉引、送风机的联锁:开机时必定先开引风机,再开送风机;停机时则先停送风机,再停引风机。又如运煤设备实现电气联锁:启动时要先启动距上方煤仓最近的运煤设备,按顺序由近及远,逐步启动其他运煤或破碎、筛分装置。连接机械化除灰渣系统也应根据工艺要求设置相应的电气联锁。

对危及锅炉运行安全及人身安全的越限参数及异常情况,一般需设热工的自动保护。例如:蒸汽锅炉应设锅筒极低或极高水位保护和蒸汽超压保护;热水锅炉应设压力过低或水温过高防止汽化的自动保护,当情况异常时,自动停鼓风、给煤及引风。

9.7.2 供热锅炉的计算机控制

供热锅炉实行计算机监控是个发展的方向,其优越性突出表现于:

(1) 控制系统为软件程序模块的连接组成,可免去相应模拟仪表的安装、配线等工作,缩短施工周期,降低施工费用,减少设备的维修量。

(2) 控制系统的组成和更改非常灵活、方便、迅速。

(3) 发挥计算机强有力的逻辑运算和数字运算的功能,可以组成一些功能特殊、性能优越、结构复杂的控制系统,以提高控制品质指标。

(4) 降低自动化系统投资：

供热锅炉房可进行计算机控制的对象很多,有些系统的控制比较简单,建立起来也就比较简单,基本上属于单参数、单回路系统,例如：蒸汽压力、蒸汽温度、热水温度、热力除氧器的压力、液位等的控制。锅筒水位的调节控制,目前多用三冲量水位调节系统已较成熟。存在的问题较多、最为复杂和难度最大的,是锅炉燃烧自动调节系统的计算机监控。

燃烧自动调节的任务是当负荷变化时,相应地调节其燃料供应量、送风量及引风量,不仅要保持炉膛负压在一定范围内以保证安全,而且锅炉燃烧要处于最优状态。它要将热负荷调节系统、燃烧经济性调节系统和炉膛负压调节系统,这三个相对独立、又互有影响的调节系统协调起来。它涉及到燃料的制备及传送、燃料的燃烧、管壁导热及蒸汽（热水）产生等过程。他取得的信号,不仅来自常规的物性,如：压力、温度等传感器,而且还有计量及烟气成分等特殊的传感器。计算机监控用于燃油及燃气锅炉已较成熟,但是对燃煤锅炉,特别是层燃炉燃烧系统的监控,还是要做很多工作,还有一些问题有待解决。

9.7.3 层燃炉燃烧调节计算机监控的难点

供热锅炉燃烧调节计算机监控的条件,不如电站锅炉,主要有：

(1) 供热锅炉负荷的波动较大。当外界负荷过低时,易造成炉膛及烟气温度过低,不仅影响燃烧,而且可能排烟温度达 SO_2 的露点以下,形成尾部受热面腐蚀。

(2) 管理水平低,操作人员素质差,环境较差,仪表故障率高,仪表设备损坏快。

(3) 监测仪表装备水平低。

燃煤的供热锅炉的燃烧调节计算机监控的条件,又不如燃油、燃气锅炉优越。其差异主要在：

(1) 油、气燃料的品质（发热值及成分）比较稳定,而煤质的变动较大；

（2）燃油、燃汽没有 q_4 因素的影响,提供信息的敏感元件,执行指令的执行机构都灵活可靠。

燃块煤的层燃炉,不仅具有上述的缺点,而且其燃烧调节实行计算机监控的条件还比煤粉炉更差,主要在：

（1）层燃炉的热惰性很大,燃烧速度比室燃炉缓慢得多,因而滞后时间长,参数检测反馈迟缓,而且燃烧调节又是一个多输入和多输出的复杂环节,给计算机监控带来很大困难。

（2）指令的执行机构不少是采用机械调节,设备动作不灵。

（3）燃烧对煤质变化的适应性差, q_4 对燃烧效果的影响显著。

（4）煤及灰渣量计算困难。

综上所述,链条炉等层燃炉燃烧调节的计算机监控困难较多,其难点归纳为四方面：在信号输入方面,是多输入,由于燃烧过程进行较慢,需要实现间歇调节,对仪表及变送器要求更高,但锅炉检测装配水平低；由于滞后现象和煤种多变,而且燃烧时对煤种变化的适应性差等诸原因,给控制方法及软件设计上带来困难；执行机构笨重不灵活,指令的执行发生困难；操作管理人员素质不高,计算机操作的知识及技能比较缺乏。

9.7.4 层燃炉燃烧调节计算机监控的进展

层燃炉的计算机检测,有一些供热锅炉房已经实现。在监控方面上述的难点,也有不少改变与进展。例如：风机、水泵等采用变频调速,有些执行机构已改为电动；加装仪表及变送器；已注意到操作管理人员的培训、提高等。因此,采用计算机监控的投资,不能只计算计算机及其系统的购置费用,而为了提供信号要增设的敏感元件及信息馈送系统、执行机构的改装更换等费用要投入的资金也应计入。

锅炉计算机监控方面,有不少从事计算机应用的工程技术人员进行了很多工作,有些控制方案在室燃炉上也取得了一定的成就。例如：采用"热量信号"的锅炉燃烧控制,而

"热量信号"Q是同时测量蒸汽流量D(kg/s)和汽包压力P_s(MPa)的变化速度dP_s/dt的和:

$$Q = D + CdP_s/dt \tag{9-4}$$

式中 C——锅炉蓄热系数,kg/MPa。

又如:采用炉膛温度的锅炉调节系统,认为炉膛温度比蒸汽压力对燃料量变化的影响应超前得多,因此把炉膛温度与蒸汽压力串级,组成热负荷控制系统。也有的热水锅炉以炉膛温度与出水温度串级,组成控制系统。这些控制方法,使燃料量变化满足负荷变化的要求上起到明显的作用,但是却不一定保证在最佳效益状态。某锅炉房[实例64]的链条炉排热水锅炉采用"炉膛温度调节系统",其实际效果是可以满足供热负荷的要求,但不能保证热效率最佳,最冷天链条炉排末端"跑红火"的现象非常严重。

20世纪80年代末90年代初,曾流行采用锅炉效率寻优的燃烧控制。由系统在控制过程中不断自动搜索而寻找热效率的最优值。热效率一般按式(1-3)或式(1-4)计算,不同压力和温度下的焓值按蒸汽性质表预先存入计算机;D或G可以进行检测。液体或气体燃料,其低位发热值Q_{dw}比较稳定,可视为定值,燃料消耗量B也可进行检测。但对层燃炉,Q_{dw}因煤种多变而变化,B测定有一定难度。也有人主张按平衡来寻优,但燃油及燃气锅炉q_4可视为零,q_5很小变化也很少予以考虑,则测热效率η取决于q_2及q_3。只要确定最佳α值,检测排烟温度及烟气含氧量就可测算。但对层燃炉q_4是影响热效率的主要因素,其值难以测算;而且煤的品质、负荷大小、层燃炉的种类、炉墙密封性及漏风情况、含氧量及炉膛负压取样位置等诸多因素都影响最佳α值的确定。烟气中含氧量检测的仪表,目前仍采用氧化锆氧量计,还存在:氧化锆材料在高温下膨胀而易出现裂纹或使铂电极脱落;氧化锆管表面有尘粒等污染时造成测量误差较大;仪表使用寿命较短的缺点。无论按正平衡还是按反平衡计算热效率,寻优法并没有解决层燃炉的滞后的问题。

最近多主张采用模糊算法进行控制。所谓"模糊"是指客观事物彼此间的差异没有明确的界限,它与经典数学要求的精确性有本质的区别。一个熟练的操作工人或技术人员,凭自己的经验,靠眼、耳等传感器官的观察,经大脑的思维判断,给出控制量,可以用手动操作,达到较好控制效果。操作者的观察与思维判断过程,就是一个模糊化及模糊计算的过程。把人的操作经验归纳成一系列的规则,存放在计算机中,利用模糊集合理论将它定量化,使控制器模仿人脑的操作策略,这就是模糊控制器。用模糊控制器组成的系统,就是模糊控制系统。

主要参考文献

1. 解鲁生,蔡启林,狄洪发,姚约翰.城镇供热系统节能技术措施培训教材.中国城镇供热协会技术委员会,清华大学建筑学院,2001
2. 张永照,陈听宽,黄祥新,工业锅炉(第二版),机械工业出版社,1993
3. 锅炉房实用设计手册编写组.锅炉房实用设计手册(第二版),机械工业出版社,2001
4. 刘弘睿主编,解鲁生常务主编.工业锅炉技术标准规范应用大全.中国建筑工业出版社,2000
5. 《工业锅炉热工试验规范》(GB 10180—88)
6. 重庆大学热管研究组,中国科学技术情报研究所重庆分所,热管基础及其应用.科学技术文献出版社重庆分社,1977
7. 蔡耀春.热管及其在国内、外的应用.中国建筑学会建筑热能动力分会,第三届学术年会论文,1995
8. 兰泉孝,黄艳芳,吕志军.交流变频调速技术在集中供热系统中应用的实例与探讨.青岛热动五期
9. 全国房地产科技情报网供热专业网.锅炉供热节能技术措施(简介),1998